**Azedine Rahmoune**

**Équations intégrales linéaires**

Azedine Rahmoune

# Équations intégrales linéaires

## Méthodes d'approximation

**Presses Académiques Francophones**

**Impressum / Mentions légales**
Bibliografische Information der Deutschen Nationalbibliothek: Die Deutsche Nationalbibliothek verzeichnet diese Publikation in der Deutschen Nationalbibliografie; detaillierte bibliografische Daten sind im Internet über http://dnb.d-nb.de abrufbar.
Alle in diesem Buch genannten Marken und Produktnamen unterliegen warenzeichen-, marken- oder patentrechtlichem Schutz bzw. sind Warenzeichen oder eingetragene Warenzeichen der jeweiligen Inhaber. Die Wiedergabe von Marken, Produktnamen, Gebrauchsnamen, Handelsnamen, Warenbezeichnungen u.s.w. in diesem Werk berechtigt auch ohne besondere Kennzeichnung nicht zu der Annahme, dass solche Namen im Sinne der Warenzeichen- und Markenschutzgesetzgebung als frei zu betrachten wären und daher von jedermann benutzt werden dürften.

Information bibliographique publiée par la Deutsche Nationalbibliothek: La Deutsche Nationalbibliothek inscrit cette publication à la Deutsche Nationalbibliografie; des données bibliographiques détaillées sont disponibles sur internet à l'adresse http://dnb.d-nb.de.
Toutes marques et noms de produits mentionnés dans ce livre demeurent sous la protection des marques, des marques déposées et des brevets, et sont des marques ou des marques déposées de leurs détenteurs respectifs. L'utilisation des marques, noms de produits, noms communs, noms commerciaux, descriptions de produits, etc, même sans qu'ils soient mentionnés de façon particulière dans ce livre ne signifie en aucune façon que ces noms peuvent être utilisés sans restriction à l'égard de la législation pour la protection des marques et des marques déposées et pourraient donc être utilisés par quiconque.

Coverbild / Photo de couverture: www.ingimage.com

Verlag / Editeur:
Presses Académiques Francophones
ist ein Imprint der / est une marque déposée de
OmniScriptum GmbH & Co. KG
Heinrich-Böcking-Str. 6-8, 66121 Saarbrücken, Deutschland / Allemagne
Email: info@presses-academiques.com

Herstellung: siehe letzte Seite /
Impression: voir la dernière page
**ISBN: 978-3-8381-4250-0**

Copyright / Droit d'auteur © 2014 OmniScriptum GmbH & Co. KG
Alle Rechte vorbehalten. / Tous droits réservés. Saarbrücken 2014

*À Zohir, Aboubaker, Kawthar et Abdelghafor*

# Table des matières

Notations   vi

Introduction   viii

**1 Classification et genèse des équations intégrales**   1
   1.1 Classification et terminologie . . . . . . . . . . . . . . . . . . . . . . 2
   1.2 Genèse et formulation des équations intégrales . . . . . . . . . . . . 4

**2 Existence et unicité des solutions pour les EIST**   11
   2.1 Théorie de Riesz . . . . . . . . . . . . . . . . . . . . . . . . . . . . 15
   2.2 Alternative de Fredholm . . . . . . . . . . . . . . . . . . . . . . . . 17

**3 Approximation d'opérateurs linéaires bornés**   20

**4 Méthodes de résolution approchées**   27
   4.1 Méthodes du noyau dégénéré . . . . . . . . . . . . . . . . . . . . . . 27
      4.1.1 Séries de Taylor . . . . . . . . . . . . . . . . . . . . . . . . . 29
      4.1.2 Séries de Fourier généralisées . . . . . . . . . . . . . . . . . . 30
      4.1.3 Interpolation du noyau . . . . . . . . . . . . . . . . . . . . . 31
   4.2 Méthodes de quadrature . . . . . . . . . . . . . . . . . . . . . . . . 36
      4.2.1 Méthode de Nyström . . . . . . . . . . . . . . . . . . . . . . 37
   4.3 Méthodes de projection . . . . . . . . . . . . . . . . . . . . . . . . 41
      4.3.1 Méthode de collocation . . . . . . . . . . . . . . . . . . . . . 44

|        | 4.3.2 Méthode de Galerkin ........................................... | 45 |
|--------|---|---|
|        | 4.3.3 Discussion de la convergence des méthodes de projection ...... | 46 |

**5 Résolution des équations de second type**     **53**

    5.1 Développement en série de Fourier généralisée ................ 53

    5.2 Méthode de Simpson modifiée ........................... 59

    5.3 Méthode d'interpolation de Newton ....................... 63

**Quelques remarques et perspectives**     **69**

**Bibliographie**     **71**

# Table des figures

4.1 Convergence des séries de Tchebychev des fonctions $|\cos(2\pi x)|^2$ et $|x|$. . . . . . 51

4.2 Convergence des séries de Legendre des fonctions $|\cos(2\pi x)|^2$ et $|x|$. . . . . . . . 51

4.3 Convergence spectrale : erreur de projection en norme $L^2$ entre $|\cos(2\pi x)|^2$, $|x|$ et leurs séries tronquées de Legendre à l'ordre $n$ en fonction de $n$. . . . . . . . . 51

4.4 Convergence exponentielle : erreur de projection en norme $L^2$ des fonctions $e^x$, $\cos(\pi x)$ approchées par leurs séries tronquées de Legendre à l'ordre $n$ en fonction de $n$. . . . . . . . . . . . . . . . . . . . . . . . . . . . . . . . . . . . . . . . . 52

# Liste des tableaux

5.1 Méthode d'El Gendi. Eq (5.7) . . . . . . . . . . . . . . . . . . . . . 55

5.2 Méthode des RBFs, erreur absolue. Eq (5.15) et (5.16) . . . . . . . . . . . . . 58

5.3 Méthode de Simpson modifiée, erreur absolue. Eq (5.22) . . . . . . . . . . . . 61

5.4 Méthode de Simpson modifiée, erreur absolue. Eq (5.23) . . . . . . . . . . . . 61

5.5 Méthode de Simpson modifiée, erreur absolue. Eq (5.24) . . . . . . . . . . . . 62

5.6 Méthode de Simpson modifiée, erreur absolue. Eq (5.25) . . . . . . . . . . . . 62

5.7 Méthode d'interpolation de Newton. Eq (5.42) . . . . . . . . . . . . . . . . . 66

5.8 Méthode d'intepolation de Newton. Eq (5.43) . . . . . . . . . . . . . . . . 66

5.9 Comparaison des résultats, erreur absolue. Eq(5.16) . . . . . . . . . . . . . . 67

5.10 Comparaison des résultats. Eq (5.7) . . . . . . . . . . . . . . . . . . . . . 67

5.11 Méthodes des trapèzes. Eq (5.7) . . . . . . . . . . . . . . . . . . . . . . . 68

# Notations

| | |
|---|---|
| $A$ | opérateur intégral |
| $A_n$ | suite d'approximation de $A$ |
| $C[a,b]$ | ensemble des fonctions continues sur $[a,b]$ |
| $C^k[a,b]$ | classe des fonctions $k$ fois continûment dérivables sur $[a,b]$ |
| $\mathbb{C}$ | ensemble des nombres complexes |
| EDO | équations différentielles ordinaires |
| EIST | équations intégrales de second type |
| $f$ | terme libre dans l'équation intégrale |
| $f_n$ | suite d'approximation de $f$ |
| $I$ | opérateur identique |
| $G$ | ensemble mesurable au sens de Jordan |
| $\overline{G}$ | fermé d'un ensemble $G$ (adhérence) |
| $\partial G$ | frontière de $G$ |
| $|G|$ | mesure de Jordan d'un ensemble $G$ |
| $G(x,\xi)$ | fonction de Green |
| $H_p^m[0,2\pi]$ | espace de Sobolev |
| $k(x,t)$ | noyau de l'équation intégrale |
| $\mathcal{L}(X,Y)$ | ensemble des opérateurs linéaires bornés de $X$ dans $Y$ |
| $L$ | opérateur $(I - A)$ |
| $L^{-1}$ | inverse de l'opérateur intégral $= (I - A)^{-1}$ |
| $L^2(G)$ | espace fonctionnel |
| $L_i(x)$ | $i$ème polynôme de Lagrange |
| $N(L)$ | noyau de l'opérateur $L$ |
| $\mathbb{N}, \mathbb{N}^*$ | ensemble des entiers naturels, des entiers strictement positifs |
| $P, P_n, \mathcal{P}_n$ | opérateurs de projection |

| | |
|---|---|
| $R(L)$ | image de l'opérateur $L$ |
| $\mathbb{R}$ | ensemble des réels |
| $\mathbb{R}^m$ | ensemble des vecteurs réels à $m$ dimensions |
| $r_n(x)$ | résidu |
| RBF | fonctions de base radiales |
| $T_j(x)$ | polynômes de Chebyshev de premier type |
| $L_m(x)$ | polynômes de Legendre |
| $w(x)$ | fonction poids |
| $w_j^{(n)}$ | poids de quadrature |
| $\langle u, v \rangle$ | produit scalaire de $u$ et $v$ |
| $\chi_G$ | fonction caractéristique |
| $\delta_{ij}$ | delta de Kronecker ($= 0$ si $i \neq j$, $= 1$ si $i = j$) |
| $\varphi$ | la fonction inconnue dans l'équation intégrale |
| $\varphi_n$ | solution approchée |
| $\lambda$ | paramètre numérique |
| $\sum'$ | sommation dont le premier terme est divisé par 2 |
| $\sum''$ | sommation dont le premier et le dernier terme sont divisés par 2 |
| $\oplus$ | somme directe |

# Introduction

Les méthodes numériques de résolution des équations intégrales jouent un rôle très important dans différents domaines de la recherche scientifiques. Avec l'avantage des machines de calcul numérique et le developpement rapide des logiciels de programmation, y compris open source, ces méthodes sont devenues ces dernières années un outil mathématique puissant et incontournable pour l'investigation dans les différents problèmes fondamentaux de notre assimilation des phénomènes scientifiques qui sont difficiles, à savoir impossible à résoudre dans le passé. Bien entendu, notons qu'il existe actuellement un grand nombre de méthodes numériques utilisées pour la résolutions des équations intégrales, c'est pourquoi cet ouvrage ne se veut ni exhaustive, ni trop théorique. Cependant, le but de notre recherche est d'insister sur la pluridisciplinarité des méthodes rencontrées que l'on peut regrouper selon trois grands axes.

La théorie mathématique, essentiellement l'analyse fonctionnelle des équations intégrales qui permet d'analyser le problème, de prouver l'existence de la solution et surtout d'exhiber des méthodes d'approximation efficaces.

L'analyse numérique, qui étudie la réalisabilté de ces méthodes, principalement l'analyse de la vitesse de convergence et l'estimation de l'erreur.

La programmation sur machine, qui retranscrit ces méthodes sous forme d'algorithmes rapides et efficaces.

Suivant ces axes normaux, cet ouvrage est divisé en cinq chapitres :

Le *premier chapitre* est une introduction à la terminologie et à la classification des équations intégrales, qui a pour objectif, de familiariser le lecteur avec le concept d'équation intégrale. Ainsi, nous y exposons certains modèles typiques pour voir où de telles équations sont issues, et d'illustrer leur lien avec les équations différentielles.

Le *deuxième chapitre* fixe le cadre théorique de notre étude. Nous y discutons notamment la question d'existence de la solution des équations intégrales.

Le *troisième chapitre* est destiné à fournir les outils de base nécessaire à la recherche sur les méthodes de résolution approchée et leur analyse d'erreur, notamment les différents types de convergence d'une suite d'opérateurs dans un espace de Banach.

Le *quatrième chapitre* est consacré essentiellement à présenter diverses méthodes de résolution numérique des équations intégrales, cependant nous y développons certaines idées primordiales et les illustrerons avec quelques exemples.

Le *cinquième chapitre* traite de l'application de certaines méthodes à la résolution numérique des équations intégrales de second type, dans lequel nous présenterons notre contribution pour ce genre d'équations, et d'illustrer la validation de ces méthodes par des exemples instructifs.

# Chapitre 1

# Classification et genèse des équations intégrales

Le but visé dans ce premier chapitre est de familiariser le lecteur avec le concept d'équation intégrale [1], nous allons donc présenter la forme et la classification des équations intégrales. Aussi dans l'objectif d'évoquer l'origine et l'utilité de telles équations, et de voir essentiellement la relation entre ces dernières et les équations différentielles, ordinaires ou partielles, on exposera brièvement quelques modèles typiques, représentatif d'une variété plus générale. Dans la suite - chapitre 2 - on va étudier d'une manière systématiquement étendue le cadre fonctionnel des équations intégrales, notamment la théorie de Riesz et de Fredholm sur les équations intégrales de second type.

Une équation intégrale est une équation dans laquelle l'inconnu, généralement une fonction d'une ou plusieurs variables, apparaît sous le signe intégral. Cette définition générale tient compte de beaucoup de différentes formes spécifiques et dans la pratique plusieurs types distincts surgissent. Pour cette raison, et afin de recouvrir les grands axes de notre thématique sans s'impliquer dans des situations particulièrement inadéquate, nous allons s'intéresser beaucoup plus aux équations intégrales linéaires de la forme

$$\int_a^b k(x,t)\varphi(t)dt = f(x), \quad a \leq x \leq b$$

---

[1]. Le terme d'équation intégrale a été suggéré pour la première fois par du Bois-Reymond. Ch. *Crelle*, vol.103 (1888), p.228

et
$$\varphi(x) - \int_a^b k(x,t)\varphi(t)dt = f(x), \quad a \leq x \leq b$$

qui sont des exemples typiques. Dans lequelles *l'inconnue* est la fonction $\varphi$, et $k(x,t)$ est appellée *le noyau* de l'équation intégrale. Sous une autre forme simple en terme d'opérateurs, ces équations s'écrivent successivement

$$A\varphi = f \quad \text{et} \quad \varphi - A\varphi = f$$

## 1.1 Classification et terminologie

La classification des équations intégrales est centrée sur trois caractéristiques de base décrivent leur structure globale, il est utile de les citer avant d'entrer dans les détails.

i) Le *type* (espèce) d'une équation se rapporte à la localisation de la fonction inconnue. Pour les équations de première espèce, la fonction inconnue apparaît uniquement à l'intérieur du signe intégral. Cependant pour les équations de seconde espèce, la fonction inconnue apparaît également à l'extérieur du signe intégral.

ii) La description historique *Fredholm* et *Volterra* concerne les bornes d'intégration. Dans une équation de Fredholm, les bornes d'intégrations sont fixées, dans l'équation de Volterra les bornes d'intégration sont indéfinies.

iii) L'adjective *singulière* est parfois employée d'une part, quand l'intégration est impropre, d'autre part si l'une des bornes d'intégration ou les deux sont infinies ou si l'intégrant est non borné sur l'intervalle donné, évidemment, une équation intégrale peut être singulière dans les deux sens.

Une équation de la forme

$$\int_a^b k(x,t)\varphi(t)dt = f(x), \quad a \leq x \leq b \qquad (1.1)$$

est dite équation de Fredholm de premiere espèce, l'équation intégrale de seconde espèce est definie par

$$\varphi(x) - \lambda \int_a^b k(x,t)\varphi(t)dt = f(x), \quad a \leq x \leq b \qquad (1.2)$$

Le paramètre numérique $\lambda$ qui apparaît dans (1.2), généralement complexe, il jeu un rôle crucial dans la théorie de (1.2), dans des applications pratiques, $\lambda$ est habituellement composé de quantités physiques.

Les équations de Volterra diffèrent des équations de Fredholm, comme nous l'avons déjà noté, du fait que l'intégration est indéfinie, la forme classique d'une équation intégrale de Volterra de première espèce est

$$\int_a^x k(x,t)\varphi(t)dt = f(x), \quad a \leq x \leq b \tag{1.3}$$

et l'équation de Volterra de seconde espèce s'écrit sous la forme

$$\varphi(x) - \lambda \int_a^x k(x,t)\varphi(t)dt = f(x), \quad a \leq x \leq b \tag{1.4}$$

Encore, une classe de terminologie liée à ces deux équations de Fredholm et de Volterra, elles sont dites *homogènes* si, $f(x) = 0$ sur $[a,b]$, et *non homogène* dans le cas contraire. On doit noter également qu'une équation de Fredholm peut être réduite en une équation de Volterra si son noyau est défini pour avoir la propriété suivante

$$k(x,t) = 0, \quad a \leq x \leq t \leq b \tag{1.5}$$

Cette relation entre les deux variétés d'équations est utile dans un sens, mais n'implique pas que la différence entre eux est minimale.

Le troisième dispositif de cette classification principale, citée précédemment, se relie aux intégrales impropres, qui se produisent largement dans différents domaines d'application. Strictement dit, une équation intégrale est dite *singulière* si
(a) L'une des bornes d'intégration ou les deux sont infinies.
(b) Le noyau est non borné sur l'intervalle donné.
Le noyau *faiblement singulier* de la forme

$$k(x,t) = \frac{g(x,t)}{|x-t|^\alpha}, \quad 0 < \alpha < 1 \tag{1.6}$$

où $\alpha$ est donné et $g(x,t)$ une fonction bornée, est un exemple d'un noyau non borné, qui nécessite un traitement particulier. Cependant, une équation intégrale définie avec un noyau de type (1.6) est dite *équation intégrale faiblement singulière*, du fait de la place qu'elle occupe dans différent domaines d'application. Également, il est important de noté que le noyau à *singularité logarithmique*

$$k(x,t) = g(x,t)\ln|x-t|, \tag{1.7}$$

où $g$ est bornée, peut être considéré comme un noyau faiblement singulier, puisqu'il peut s'écrire sous la forme

$$k(x,t) = \frac{g(x,t)|x-t|^\epsilon \ln|x-t|}{|x-t|^\epsilon}, \tag{1.8}$$

dont le numérateur est borné pour tout $\epsilon > 0$.

Comme un exemple de noyau qui possède une *forte singularité*, on considère le noyau de Cauchy, il est caractérisé par

$$k(x,t) = \frac{g(x,t)}{x-t}, \tag{1.9}$$

où $g$ est toujours bornée.

Nous avons jusqu'ici, couvert les principaux éléments surgissant dans la classification des équations intégrales.

## 1.2 Genèse et formulation des équations intégrales

Plusieurs problèmes classiques dans la théorie des équations différentielles mènent aux équations intégrales, et dans la plupart des cas, ces problèmes peuvent être traités d'une façon plus agréable en utilisant ces dernières que d'utiliser directement des équations différentielles. Aussi, de nombreux problèmes en sciences appliquées mènent aux équations intégrales d'une manière naturelle tels que le transfert radiatif, la théorie de diffusion et de transport. Par conséquent, ces équations s'émergeant en tant qu'outil mathématique puissant dans la modélisation des phénomènes et des processus surgissant dans ces domaines de recherches. Nous allons voir brièvement quelques modèles mathématiques et physiques réels où de telles équations sont essues. Notre but dans ce paragraphe sera, de développer la compréhension de l'utilité des équations intégrales sans attention anormale aux détails. Ainsi, la discussion sera légèrement intuitive et parfois simplifiée, néanmoins, les exemples donnés sont représentatifs pour une catégorie d'applications plus compliquées. Pour plus de précisions, consultez [13, 24, 25, 28, 33, 38, 40, 43].

## Problèmes de Cauchy : EDO avec conditions initiales

Supposons que $\varphi$ satisfait

$$\begin{cases} \varphi'(x) = F(x, \varphi(x)), & 0 < x < 1 \\ \varphi(0) = \varphi_0, \end{cases} \quad (1.10)$$

où la fonction $F$ et le nombre $\varphi_0$ sont donnés. On suppose que $\varphi$ est continue sur l'intervalle fermé [0,1]. Alors l'intégration donne

$$\varphi(x) = \int_0^x F(t, \varphi(t))dt + \varphi_0, \quad 0 \leq x \leq 1 \quad (1.11)$$

Réciproquement, si $\varphi$ est une fonction continue satisfait à (1.11) alors $\varphi(0) = \varphi_0$ et avec la différentiation on obtient (1.10). Donc, à condition que toutes les fonctions se comportent suffisament bien, de telle sorte que les conditions d'intégration et de différentiation soient remplies, (1.10) et (1.11) ont la même solution et sont donc équivalent.

Nous pouvons procéder de la même manière pour les problèmes aux valeurs initiales du second ordre

$$\begin{cases} \varphi''(x) = F(x, \varphi(x)), & 0 < x < 1 \\ \varphi(0) = \varphi_0, \quad \varphi'(0) = \varphi'_0 \end{cases} \quad (1.12)$$

où le nombre $\varphi'_0$ est additivement assigné. Encore, nous devons réaliser une condition concernant la continuité, et pour éviter la nécessité de soulever cette question à plusieurs reprises, nous adoptons la convention que, sauf indication contraire, dans un problème tel que (1.12) $\varphi$ et ses dérivés jusqu'à l'ordre le plus supérieur indiqué aux extrémités de l'intervalle, sont prolongées aux fonctions continues sur l'intervalle fermé.

Une première intégration donne

$$\varphi'(x) = \int_0^x F(t, \varphi(t))dt + \varphi'_0, \quad 0 \leq x \leq 1,$$

En tenant compte de la condition $\varphi'(0) = \varphi'_0$ et par une seconde intégration, on obtient

$$\varphi(x) = \int_0^x ds \int_0^s F(t, \varphi(t))dt + \varphi'_0 x + \varphi_0, \quad 0 \leq x \leq 1 \quad (1.13)$$

La simplification de l'intégrale double dans (1.13) découle de la relation

$$\int_0^x ds \int_0^s F(s,t)dt = \int_0^x dt \int_t^x F(s,t)ds, \tag{1.14}$$

pour ce qu'il est suffisant, est que $F$ soit une fonction continue pour les deux variables.

Si on suppose que $F$ est une fonction continue par rapport aux deux variables, alors (1.14) donne

$$\int_0^x ds \int_0^s F(t,\varphi(t))dt = \int_0^x (x-t)F(t,\varphi(t))dt,$$

et l'équation intégrale associée à (1.12) dans sa forme simple est donnée par

$$\varphi(x) = \int_0^x (x-t)F(t,\varphi(t))dt + \varphi_0'x + \varphi_0, \quad 0 \leq x \leq 1 \tag{1.15}$$

Si $\varphi$ est solution continue de (1.15) alors, la différentiation sous le signe intégral prouve que $\varphi$, satisfait également (1.12).

## Problèmes EDO avec conditions aux limites

On considère la détermination de $\varphi$ pour

$$\begin{cases} \varphi''(x) = F(x,\varphi(x)), & 0 < x < 1 \\ \varphi(0) = \varphi_0, \quad \varphi(1) = \varphi_1 \end{cases} \tag{1.16}$$

On procède de la même manière que (1.12), on obtient

$$\varphi'(x) = \int_0^x F(t,\varphi(t))dt + C, \quad 0 \leq x \leq 1$$

et

$$\varphi(x) = \int_0^x (x-t)F(t,\varphi(t))dt + Cx + \varphi_0, \quad 0 \leq x \leq 1 \tag{1.17}$$

la seule différence entre ceci et le calcul précédent est que la valeur $\varphi'(0) = C$ n'est pas donnée et $C$ doit être déterminé en imposant la condition $\varphi(1) = \varphi_1$, ce qui implique

$$C = \varphi_1 - \varphi_0 - \int_0^1 (1-t)F(t,\varphi(t))dt,$$

et donc (1.17) peut s'écrire sous la forme

$$\begin{aligned}\varphi(x) &= \int_0^x (x-t)F(t,\varphi(t))dt - x\int_0^1 (1-t)F(t,\varphi(t))dt + (\varphi_1 - \varphi_0)x + \varphi_0 \\ &= -\int_0^x t(1-x)F(t,\varphi(t))dt - \int_x^1 x(1-t)F(t,\varphi(t))dt + (\varphi_1 - \varphi_0)x + \varphi_0\end{aligned}$$

L'avantage de cette remise en ordre est qu'elle mène à la forme

$$\varphi(x) = -\int_0^1 k(x,t)F(t,\varphi(t))dt + (\varphi_1 - \varphi_0)x + \varphi_0, \quad 0 \leq x \leq 1 \qquad (1.18)$$

tel que

$$k(x,t) = \begin{cases} t(1-x) & \text{si } t \leq x \\ x(1-t) & \text{si } x \leq t \end{cases} \qquad (1.19)$$

De nouveau, nous pouvons renverser le processus et déduire que la fonction $\varphi$ qui satisfait l'équation intégrale (1.18), satisfait aussi le problème aux limites (1.16).

Maintenant, pour (1.16), si on prend le cas simple d'un problème aux limites linéaire

$$\begin{cases} \varphi''(x) = -\lambda\varphi(x), & 0 < x < 1 \\ \varphi(0) = \varphi_0, \quad \varphi(1) = \varphi_1 \end{cases} \qquad (1.20)$$

alors (1.18) se réduit à l'équation intégrale de Fredholm

$$\varphi(x) = \lambda \int_0^1 k(x,t)\varphi(t)dt + f(x), \quad 0 \leq x \leq 1$$

où

$$f(x) = (\varphi_1 - \varphi_0)x + \varphi_0$$

## Problème de Sturm-Liouville

L'opérateur différentiel de Sturm-Liouville est défini par :

$$\mathcal{L} = -\frac{d}{dx}\left(p(x)\frac{d}{dx}\right) + q(x)$$

où $p(x)$ et $q(x)$ sont deux fonctions continues sur l'intervalle $[a,b]$, et en outre $p(x)$ admet une dérivée continue et non nulle sur cet intervalle. Nous allons discuter deux types d'équations différentielles, c'est-à-dire

$$\mathcal{L}\varphi = f(x), \quad a \leq x \leq b \tag{1.21}$$

et

$$\mathcal{L}\varphi - \lambda r(x)\varphi = 0, \tag{1.22}$$

où $f(x)$ et $r(x)$ sont des fonctions données. La fonction $r(x)$ est continue et positive ou nulle sur $[a,b]$. Chacune de ces équations est assujettie aux conditions aux limites suivantes

$$\alpha_1 \varphi(a) + \alpha_2 \varphi'(a) = 0 \tag{1.23}$$
$$\beta_1 \varphi(b) + \beta_2 \varphi'(b) = 0 \tag{1.24}$$

Supposons qu'une fonction $\varphi_1$ satisfait la condition au limite (1.23) et une autre fonction $\varphi_2$ (linéairement indépendante de $\varphi_1$) satisfait la condition au limite (1.24). Ceci conduit à résoudre deux problèmes de valeur initiale, à savoir,

$$\begin{cases} \mathcal{L}\varphi_1 = 0 \\ \varphi_1(a) = -\alpha_2, \quad \varphi_1'(a) = \alpha_1 \end{cases} \tag{1.25}$$

et

$$\begin{cases} \mathcal{L}\varphi_2 = 0 \\ \varphi_2(b) = -\beta_2, \quad \varphi_2'(b) = \beta_1 \end{cases} \tag{1.26}$$

En utilisant maintenant la méthode de variation des constantes, la solution de l'équation non homogène (1.21) est de la forme

$$\varphi(x) = C_1(x)\varphi_1(x) + C_2(x)\varphi_2(x) \tag{1.27}$$

où $C_1$ et $C_2$ sont déterminées à partir des relations

$$C_1'(x)\varphi_1(x) + C_2'(x)\varphi_2(x) = 0 \tag{1.28}$$
$$C_1'(x)\varphi_1'(x) + C_2'(x)\varphi_2'(x) = -f(x)/p(x). \tag{1.29}$$

Dans l'objectif de déterminer la solution de (1.21), nous avons besoin d'une autre relation de $\varphi_1$ et de $\varphi_2$. Ceci peut être déduit immédiatement du fait que $\varphi_1$ et $\varphi_2$ sont deux solutions linéairement indépendantes de l'équation homogène $\mathcal{L}\varphi = 0$. On a

$$\begin{aligned} 0 &= \varphi_2 \mathcal{L}\varphi_1 - \varphi_1 \mathcal{L}\varphi_2 \\ &= -\varphi_2 \frac{d}{dx}\left(p\frac{d\varphi_1}{dx}\right) + \varphi_1 \frac{d}{dx}\left(p\frac{d\varphi_2}{dx}\right) \\ &= -\frac{d}{dx}\left\{p\left(\varphi_2 \frac{d\varphi_1}{dx} - \varphi_1 \frac{d\varphi_2}{dx}\right)\right\}, \end{aligned}$$

de sorte que l'expression entre brackets est constante. Comme $\varphi_1$ et $\varphi_2$ peuvent êtres déterminés avec des facteurs constants près, on peut donc choisir cette expression pour avoir

$$p\left(\varphi_2 \frac{d\varphi_1}{dx} - \varphi_1 \frac{d\varphi_2}{dx}\right) = -1 \qquad (1.30)$$

À partir des relations (1.28), (1.29) et (1.30) on trouve que $C_1'(x) = -\varphi_2(x)f(x)$ et $C_2'(x) = \varphi_1(x)f(x)$. Ainsi

$$\begin{aligned} C_1(x) &= \int_x^b \varphi_2(\xi) f(\xi) d\xi \\ C_2(x) &= \int_a^x \varphi_1(\xi) f(\xi) d\xi \end{aligned}$$

En substituant ces valeurs dans (1.27) on obtient la solution

$$\begin{aligned} \varphi(x) &= \varphi_1(x) \int_x^b \varphi_2(\xi) f(\xi) d\xi + \varphi_2(x) \int_a^x \varphi_1(\xi) f(\xi) d\xi \\ &= \int_a^b G(x,\xi) f(\xi) d\xi, \end{aligned} \qquad (1.31)$$

où la fonction

$$G(x,\xi) = \begin{cases} \varphi_1(\xi)\varphi_2(x), & \xi \leq x \\ \varphi_1(x)\varphi_2(\xi), & \xi \geq x \end{cases} \qquad (1.32)$$

est appellée *fonction de Green* pour le problème aux limites. Elle s'écrit encore d'une manière élégante, en définissant les régions

$$\underline{x} = \min(x, \xi) = \begin{cases} x, & a \leq x \leq \xi \\ \xi, & \xi \leq x \leq b \end{cases}$$

$$\overline{x} = \max(x, \xi) = \begin{cases} \xi, & a \leq x \leq \xi \\ x, & \xi \leq x \leq b \end{cases}$$

Alors, $G(x, \xi) = \varphi_1(\underline{x})\varphi_2(\overline{x})$.

Finalement, à partir de (1.31), la solution de l'équation (1.22), est donnée sous la forme

$$\varphi(x) = \lambda \int_a^b r(\xi) G(x, \xi) \varphi(\xi) d\xi. \tag{1.33}$$

C'est une équation intégrale à noyau $r(\xi)G(x,\xi)$. En posant $u(x) = \sqrt{r(x)}\varphi(x)$, l'équation intégrale (1.33) devient

$$u(x) = \lambda \int_a^b k(x, t) u(t) dt. \tag{1.34}$$

où $k(x,t) = \sqrt{r(x)}\sqrt{r(t)}G(x,t)$

**Remarque 1.1** *Une remarque importante est que l'avantage de la recherche des formules de représentation intégrales des solutions d'opérateurs différentiels est aussi, d'inclure la frontière et les conditions initiales.*

# Chapitre 2

# Existence et unicité des solutions pour les EIST

La vocation de ce chapitre est de rappeler quelques résultas fondamentaux dans la théorie d'une large classe d'équations intégrales, notamment la question d'existence et d'unicité des solutions pour les équations de second type (EIST). Cette étude est nécessaire avant toute démarche de résolution numérique. Notons aussi, que le concept de compacité d'un opérateur va jouer un rôle crucial.

**Définition 2.1** *Un ensemble $G \subset \mathbb{R}^m, m \geq 1$ est dit mesurable au sens de Peano-Jordan si la fonction caractéristique $\chi_G$, définie par $\chi_G(x) = 1$ pour $x \in G$ et $\chi_G(x) = 0$ pour $x \notin G$, est Riemann intégrable. La mesure de Peano-Jordan $|G|$ est définie par l'intégrale de $\chi_G$.*

**Remarque 2.1** *Pour tout ensemble $G$ mesurable au sens de Peano-Jordan, l'adhérence $\overline{G}$ et la frontière $\partial G$ sont aussi mesurables au sens de Peano-Jordan, avec $|\overline{G}| = |G|$ et $|\partial G| = 0$. Si $G$ est compact et mesurable au sens de Peano-Jordan, alors toute fonction $f \in C(G)$ est Riemann intégrable.*

**Théorème 2.1** *Soit $G \subset \mathbb{R}^m$ un ensemble non vide, mesurable au sens de Peano-Jordan, qui coïncide avec l'adhérence de son intérieur. Soit $k : G \times G \to \mathbb{C}$ une fonction continue. Alors l'opérateur linéaire $A : C(G) \to C(G)$ défini par*

$$(A\varphi)(x) = \int_G k(x,t)\varphi(t)dt, \qquad x \in G, \tag{2.1}$$

est appelé opérateur intégral à noyau continu k. Cet opérateur est borné, avec

$$\|A\|_\infty = \max_{x \in G} \int_G |k(x,t)|dt.$$

*Preuve.* Il est clair que l'opérateur $A$ défini par (2.1) est un opérateur linéaire pour tout $\varphi \in C(G)$. De plus pour $\|\varphi\|_\infty \leq 1$ on a

$$|(A\varphi)(x)| \leq \int_G |k(x,t)|dt, \quad x \in G,$$

d'où

$$\|A\|_\infty = \sup_{\|\varphi\|_\infty \leq 1} \|A\varphi\|_\infty \leq \max_{x \in G} \int_G |k(x,t)|dt,$$

Puisque $k$ est continu, il existe alors $x_0 \in G$ tel que

$$\int_G |k(x_0,t)|dt = \max_{x \in G} \int_G |k(x,t)|dt.$$

Pour $\varepsilon > 0$ on choisit une fonction $\psi \in C(G)$ de la forme

$$\psi(t) = \frac{\overline{k(x_0,t)}}{|k(x_0,t)| + \varepsilon}, \quad t \in G.$$

Alors $\|\psi\|_\infty \leq 1$ et

$$\|A\psi\|_\infty \geq |(A\psi)(x_0)| = \int_G \frac{|k(x_0,t)|^2}{|k(x_0,t)| + \varepsilon}dt \geq \int_G \frac{|k(x_0,t)|^2 - \varepsilon^2}{|k(x_0,t)| + \varepsilon}dt$$
$$= \int_G |k(x_0,t)|dt - \varepsilon|G|.$$

Donc

$$\|A\|_\infty = \sup_{\|\varphi\|_\infty \leq 1} \|A\varphi\|_\infty \geq \|A\psi\|_\infty \geq \int_G |k(x_0,t)|dt - \varepsilon|G|,$$

Et puisque, ceci est valable pour tout $\varepsilon > 0$, on obtient

$$\|A\|_\infty \geq \int_G |k(x_0,t)|dt = \max_{x \in G} \int_G |k(x,t)|dt.$$

ce qui achève la preuve ∎

**Théorème 2.2** *Soit $A$ un opérateur linéaire borné d'un espace de Banach $X$ dans lui même, avec $\|A\| < 1$, et soit $I$ l'opérateur identique sur $X$. Alors $I - A$ admet un opérateur inverse borné donné par la série de Neumann*

$$(I - A)^{-1} = \sum_{k=0}^{\infty} A^k$$

*de plus*

$$\|(I - A)^{-1}\| \leq \frac{1}{1 - \|A\|}$$

*Preuve.* Comme $\|A\| < 1$, on a la convergence absolue

$$\sum_{k=0}^{\infty} \|A^k\| \leq \sum_{k=0}^{\infty} \|A\|^k = \frac{1}{1 - \|A\|}$$

dans l'espace de Banach $\mathcal{L}(X)$, par conséquent la série de Neumann converge en norme et définit un opérateur linéaire borné

$$S = \sum_{k=0}^{\infty} A^k$$

avec $\|S\| \leq (1 - \|A\|)^{-1}$, de plus $S$ est l'inverse de $I - A$,
En effet, en utilisant les notations $A^0 = I, A^k = AA^{k-1}$ on peut voir que

$$(I - A)S = (I - A)\lim_{n \to \infty} \sum_{k=0}^{n} A^k = \lim_{n \to \infty} (I - A^{n+1}) = I$$

aussi

$$S(I - A) = \lim_{n \to \infty} \sum_{k=0}^{n} A^k(I - A) = \lim_{n \to \infty} (I - A^{n+1}) = I,$$

puisque $\|A^{n+1}\| \leq \|A\|^{n+1} \to 0$, lorsque $n \to \infty$ ∎

**Théorème 2.3** *Sous les hypothèses du théorème (2.2), la méthode des approximations successives*

$$\varphi_{n+1} = A\varphi_n + f, \quad n = 0, 1, 2, ... \tag{2.2}$$

où $\varphi_0$ est arbitraire dans $X$, converge vers l'unique solution $\varphi$ de l'équation $\varphi - A\varphi = f$ pour toute $f \in X$.

*Preuve.* Il est aisé de voir que

$$\varphi_n = A^n \varphi_0 + \sum_{k=0}^{n-1} A^k f, \quad n = 1, 2, ...,$$

d'où

$$\lim_{n \to \infty} \varphi_n = \sum_{k=0}^{\infty} A^k f = (I - A)^{-1} f$$

∎

**Corollaire 2.1** *Soit $k$ un noyau continu vérifiant*

$$\max_{x \in G} \int_G |k(x,t)| dt < 1.$$

*Alors, l'équation intégrale de seconde espèce*

$$\varphi(x) - \int_G k(x,t)\varphi(t)dt = f(x), \quad x \in G,$$

*admet une solution unique $\varphi \in C(G)$ pour toute $f \in C(G)$. De plus, la méthode des approximations successives*

$$\varphi_{n+1}(x) = \int_G k(x,t)\varphi_n(t)dt + f(x), \quad n = 0, 1, 2, ...$$

*converge uniformément vers cette solution pour tout $\varphi_0$ arbitraire dans $C(G)$.*

**Définition 2.2** *Un opérateur linéaire $A : X \to Y$ d'un espace normé $X$ dans un espace normé $Y$ est dit compact s'il envoie tout sous-ensemble borné de $X$ en un ensemble relativement compact de $Y$.*

**Théorème 2.4** *Un opérateur linéaire $A : X \to Y$ est compact si et seulement si, pour toute suite bornée $(\varphi_n)$ de $X$, on peut extraire de la suite $(A\varphi_n)$ de $Y$ une sous suite convergente, i.e., si toute suite de l'ensemble $\{A\varphi : \varphi \in X, \|\varphi\| \leq 1\}$ contient une sous suite convergente.*

**Définition 2.3** *On appelle noyau faiblement singulier toute fonction $k$, définie et continue sur $G \times G \subset \mathbb{R}^m \times \mathbb{R}^m$, sauf peut être aux points $x = t$ et vérifie*

$$\forall x, t \in G, x \neq t, \exists M > 0 \text{ tel que } |k(x,t)| \leq M|x-t|^{\alpha - m}, \quad 0 < \alpha \leq m \quad (2.3)$$

**Théorème 2.5** *Un opérateur intégral à noyau continu ou faiblement singulier est un opérateur compact dans $C(G)$.*

*Preuve.* voir [26] ■

## 2.1 Théorie de Riesz

Dans cette partie, nous allons présenter la théorie de Reisz pour une équation formelle de second type de la forme $\varphi - A\varphi = f$, avec un opérateur linéaire compact $A : X \to X$ dans un espace normé $X$. On note $L = I - A$, où $I$ désigne l'opérateur identité.

**Théorème 2.6 ( Riesz )**

(i) *Le noyau de l'opérateur $L$,*

$$\mathcal{N}(L) = \{\varphi \in X : L\varphi = 0\}, \quad (2.4)$$

*est un sous espace de dimension finie.*

(ii) *L'image de l'opérateur $L$,*

$$\mathcal{R}(L) = \{L\varphi : \varphi \in X\}, \quad (2.5)$$

*est un sous espace linéaire fermé.*

(iii) *Il existe un entier positif non nul $r$, appelé nombre de Riesz de l'opérateur $A$ tel que*

$$\{0\} = \mathcal{N}(L^0) \subsetneq \mathcal{N}(L^1) \subsetneq \ldots \subsetneq \mathcal{N}(L^r) = \mathcal{N}(L^{r+1}) = \ldots, \quad (2.6)$$

*et*

$$X = L^0(X) \supsetneq L^1(X) \supsetneq \ldots \supsetneq L^r(X) = L^{r+1}(X) = \ldots \quad (2.7)$$

*D'autre part, on a la somme directe*

$$X \;=\; \mathcal{N}(L^r) \oplus L^r(X)$$

*C'est-à-dire, pour tout* $\varphi \in X$ $\exists ! \psi \in \mathcal{N}(L^r)$, $\exists ! \chi \in L^r(X)$ *tels que* $\varphi = \psi + \chi$

**Théorème 2.7** *Soit* $A : X \to X$ *un opérateur linéaire compact. Alors* $I - A$ *est injectif si et seulement s'il est surjectif. En outre si* $I - A$ *est injectif (donc bijectif), alors l'opérateur inverse* $(I - A)^{-1} : X \to X$ *est borné.*

*Preuve.* D'après le premier résultat du théorème de Riesz (i) l'injectivité de $I - A$ est équivalente à $r = 0$, et d'après (ii) du même théorème, la surjectivité de $I - A$ est aussi équivalente à $r = 0$. Par conséquent l'injectivité de $I - A$ et la surjectivité de $I - A$ sont équivalentes.

Il reste à montrer que $L^{-1}$ est borné si $L = I - A$ est injectif. Supposons que $L^{-1}$ n'est pas borné. Alors il existe une suite $(f_n)$ dans $X$ avec $\|f_n\| = 1$ telle que $\|L^{-1} f_n\| \geq n$ pour tout $n \in \mathbb{N}$. Soient

$$g_n = \frac{f_n}{\|L^{-1} f_n\|}, \qquad \varphi_n = \frac{L^{-1} f_n}{\|L^{-1} f_n\|}, \quad n \in \mathbb{N}$$

Alors $g_n \to 0, n \to \infty$, et $\|\varphi_n\| = 1$ pour tout $n$. Comme $A$ est compact, on peut choisir une sous suite $(\varphi_{n(k)})$ telle que $A\varphi_{n(k)} \to \varphi \in X, k \to \infty$. Alors, comme

$$\varphi_n - A\varphi_n = g_n,$$

On remarque que $\varphi_{n(k)} \to \varphi, k \to \infty$, et $\varphi \in \mathcal{N}(L)$. Par conséquent $\varphi = 0$, et ceci contredit $\|\varphi_n\| = 1$ pour tout $n \in \mathbb{N}$ ∎

**Corollaire 2.2** *Soit* $A : X \to X$ *un opérateur linéaire compact sur un espace normé* $X$. *Si l'équation homogène*

$$\varphi - A\varphi \;=\; 0 \tag{2.8}$$

*admet uniquement la solution triviale* $\varphi = 0$, *alors pour toute* $f \in X$, *l'équation non homogène*

$$\varphi - A\varphi \;=\; f \tag{2.9}$$

admet une solution unique $\varphi \in X$, dépendante de $f$.

Si l'équation homogène (2.8) admet une solution non triviale, alors elle admet un nombre fini $m \in \mathbb{N}$ de solutions linéairement indépendantes $\varphi_1, ..., \varphi_m$ et l'équation non homogène (2.9) ou bien, elle n'admet aucune solution ou bien, sa solution générale est de la forme

$$\varphi = \widetilde{\varphi} + \sum_{k=1}^{m} \alpha_k \varphi_k,$$

où $\alpha_1, ..., \alpha_m$ sont arbitrairement des nombres complexes et $\widetilde{\varphi}$ la solution particulière de l'équation non homogène.

## 2.2 Alternative de Fredholm

**Définition 2.4** *Deux espaces normés $X$ et $Y$, munis d'une forme bilinéaire non dégénérée $\langle .,. \rangle : X \times Y \to \mathbb{C}$ sont appelés système dual, et est noté par $\langle X, Y \rangle$.*

**Théorème 2.8** *Soit $G \subset \mathbb{R}^m$. Alors $\langle C(G), C(G) \rangle$ muni de la forme bilinéaire*

$$\langle \varphi, \psi \rangle = \int_G \varphi(x) \psi(x) dx, \quad \varphi, \psi \in C(G)$$

*est un système dual.*

**Définition 2.5** *Soient $\langle X_1, Y_1 \rangle$ et $\langle X_2, Y_2 \rangle$ deux systèmes duaux, Alors deux opérateurs $A : X_1 \to X_2, B : Y_2 \to Y_1$, sont dit adjoint si*

$$\langle A\varphi, \psi \rangle = \langle \varphi, B\psi \rangle$$

*pour tout $\varphi \in X_1$, $\psi \in Y_2$.*

**Théorème 2.9** *Soient $\langle X_1, Y_1 \rangle$ et $\langle X_2, Y_2 \rangle$ deux systèmes duaux. Si un opérateur $A : X_1 \to X_2$ admet un adjoint $B : Y_2 \to Y_1$, alors $B$ est unique, de plus $A$ et $B$ sont linéaires.*

**Théorème 2.10** *Soit $k$ un noyau continu ou faiblement singulier. Alors, les opérateurs* *intégraux suivant*

$$(A\varphi)(x) = \int_G k(x,t)\varphi(t)dt, \quad x \in G,$$
$$(B\psi)(x) = \int_G k(t,x)\psi(t)dt, \quad x \in G$$

*sont adjoints dans le système dual* $\langle C(G), C(G) \rangle$

**Preuve.** *Le théorème résulte de*

$$\begin{aligned}\langle A\varphi, \psi \rangle &= \int_G (A\varphi)(x)\psi(x)dx = \int_G \left( \int_G k(x,t)\varphi(t)dt \right) \psi(x)dx \\ &= \int_G \varphi(t) \left( \int_G k(x,t)\psi(x)dx \right) dt = \int_G \varphi(t)(B\psi)(t)dt = \langle \varphi, B\psi \rangle\end{aligned}$$

∎

**Théorème 2.11 (Alternative de Fredholm)** *Soient* $A : X \to X$, $B : Y \to Y$ *deux opérateurs compacts adjoints dans un système dual* $\langle X, Y \rangle$. *Alors, ou bien* $I - A$ *et* $I - B$ *sont bijectives ou bien ont des noyaux non triviaux de dimension finie*

$$\dim \mathcal{N}(I - A) = \dim \mathcal{N}(I - B) \in \mathbb{N}$$

*et leurs images sont données par*

$$(I - A)(X) = \{ f \in X : \langle f, \psi \rangle = 0, \psi \in \mathcal{N}(I - B) \}$$

*et*

$$(I - B)(Y) = \{ g \in Y : \langle \varphi, g \rangle = 0, \varphi \in \mathcal{N}(I - A) \}$$

**Corollaire 2.3** *Soit* $G \subset \mathbb{R}^m$, *et soit* $k$ *un noyau continu ou faiblement singulier. Alors, ou bien les équations intégrales homogènes*

$$\varphi(x) - \int_G k(x,t)\varphi(t)dt = 0, \quad x \in G,$$

*et*

$$\psi(x) - \int_G k(t,x)\psi(t)dt = 0, \quad x \in G,$$

n'ont que les solutions triviales $\varphi = 0$ et $\psi = 0$ et dans ce cas les équations non homogènes

$$\varphi(x) - \int_G k(x,t)\varphi(t)dt = f(x), \quad x \in G,$$

et

$$\psi(x) - \int_G k(t,x)\psi(t)dt = g(x), \quad x \in G,$$

admettent une solution unique $\varphi \in C(G)$ et $\psi \in C(G)$ respectivement pour chaque $f \in C(G)$ et $g \in C(G)$, ou bien les équations intégrales homogènes ont le même nombre fini $m \in \mathbb{N}$ de solutions linéairement indépendantes et dans ce cas les équations intégrales non homogènes associées sont résolubles si et seulement si

$$\int_G f(x)\psi(x)dx = \int_G \varphi(x)g(x)dx = 0$$

respectivement, pour toute $\psi$ solution de l'équation homogène adjointe et toute $\varphi$ solution de l'équation homogène.

# Chapitre 3

# Approximation d'opérateurs linéaires bornés

Dans ce chapitre $X$ et $Y$ désignent deux espaces de Banach et $\mathcal{L}(X,Y)$ l'ensemble des opérateurs linéaires bornés de $X$ dans $Y$. La plupart des méthodes numériques présentées au chapitre 4 sont basées sur l' approximation des opérateurs linéaires bornés. L'idée fondamentale pour la résolution de l'équation opérateur $A\varphi = f$ avec $A \in \mathcal{L}(X,Y)$ est de remplacer cette équation par une équation approchée de la forme $A_n\varphi_n = f_n$, en utilisant une suite d'approximation $A_n \in \mathcal{L}(X,Y)$ et une suite d'approximation $f_n \to f, n \to \infty$. Dans la pratique, on verra que ce problème semi-discret peut être réduit à la résolution d'un système algébrique linéaire de dimension finie. En particulier, pour établir la convergence et la mise en œuvre des méthodes de quadratures, on va se référer souvent aux références [1, 26] et nous allons utiliser la notion d'opérateurs collectivement compacts introduite par P.M. Anselone.

**Définition 3.1** *On dit que $A_n \in \mathcal{L}(X,Y)$ est une suite d'approximations converge ponctuellement vers $A \in \mathcal{L}(X,Y)$ si et seulement si pour tout $\varphi \in X$*

$$\lim_{n\to\infty} \|(A_n - A)\varphi\| = 0.$$

*On écrit aussi, $A_n\varphi \to A\varphi$.*

**Définition 3.2** *On dit que $A_n \in \mathcal{L}(X,Y)$ est une suite d'approximations converge en norme vers $A \in \mathcal{L}(X,Y)$ si et seulement si*

$$\lim_{n\to\infty} \|A_n - A\| = 0.$$

Dans ce qui suit nous allons voir en détail les différents types d'approximation d'un opérateur borné par une suite d'opérateurs dans $\mathcal{L}(X,Y)$.

**Convergence en norme**

**Théorème 3.1** *Soient $X$ et $Y$ deux espaces de Banach et $A \in \mathcal{L}(X,Y)$ d'inverse borné $A^{-1}$. Soit $A_n \in \mathcal{L}(X,Y)$ une suite converge en norme vers $A$. Alors pour tout $n$ assez grand, précisément pour tout $n$ tel que*

$$\|A^{-1}(A_n - A)\| < 1,$$

*les opérateurs inverses $A_n^{-1} : Y \to X$ existent et sont bornés par*

$$\|A_n^{-1}\| \leq \frac{\|A^{-1}\|}{1 - \|A^{-1}(A_n - A)\|} \tag{3.1}$$

*Et pour les solutions des équations*

$$A\varphi = f \quad et \quad A_n\varphi_n = f_n$$

*on a l'estimation de l'erreur suivante*

$$\|\varphi_n - \varphi\| \leq \frac{\|A^{-1}\|}{1 - \|A^{-1}(A_n - A)\|}\{\|(A_n - A)\varphi\| + \|f_n - f\|\}$$

*Preuve.* Si $\|A^{-1}(A_n - A)\| < 1$, alors il suffit d'appliquer le théorème de la série de Neumann (2.2), l'inverse $(I - A^{-1}(A - A_n))^{-1}$ de $I - A^{-1}(A - A_n) = A^{-1}A_n$ existe et borné par

$$\|(I - A^{-1}(A - A_n))^{-1}\| \leq \frac{1}{1 - \|A^{-1}(A_n - A)\|} \tag{3.2}$$

Mais, alors $(I - A^{-1}(A - A_n))^{-1}A^{-1}$ est l'inverse de $A_n$ et borné par (3.1). L'estimation de l'erreur découle immédiatement de

$$A_n(\varphi_n - \varphi) = f_n - f + (A - A_n)\varphi, \tag{3.3}$$

∎

**Théorème 3.2** *Supposons qu'il existe un $n_0 \in \mathbb{N}$ tel que pour tout $n \geq n_0$ les opérateurs inverses $A_n^{-1} : Y \to X$ existent et sont uniformément bornés. Alors l'opérateur inverse*

$A^{-1}: Y \to X$ existe et borné par

$$\|A^{-1}\| \leq \frac{\|A_n^{-1}\|}{1-\|A_n^{-1}(A_n-A)\|} \qquad (3.4)$$

pour tout $n$, avec $\|A_n^{-1}(A_n-A)\| < 1$. Et pour les solutions des équations

$$A\varphi = f \quad et \quad A_n\varphi_n = f_n$$

on a l'estimation de l'erreur

$$\|\varphi_n - \varphi\| \leq \frac{\|A_n^{-1}\|}{1-\|A_n^{-1}(A_n-A)\|}\{\|(A_n-A)\varphi_n\| + \|f_n-f\|\}$$

*Preuve.* Ceci résulte du théorème (3.1) en échangeant les rôles de $A$ et $A_n$ ∎

**Corollaire 3.1** *Sous les hypothèses du théorème (3.1) on a l'estimation de l'erreur suivante*

$$\|\varphi_n - \varphi\| \leq C\{\|(A_n-A)\varphi\| + \|f_n - f\|\} \qquad (3.5)$$

*pour tout $n$ assez grand et certaine constante $C$.*

**Théorème 3.3** *Soit $A_n \in \mathcal{L}(X,Y)$ une suite d'opérateurs ponctuellement bornés, i.e, pour tout $\varphi \in X$ il existe $C_\varphi > 0$ tel que $\|A_n\varphi\| \leq C_\varphi$ pour tout $n \in \mathbb{N}$. Alors la suite $A_n$ est uniformément bornées, i.e, il existe une constante $C$ telle que $\|A_n\|<C$ pour tout $n \in \mathbb{N}$.*

*Preuve.* Voir [7] ∎

**Corollaire 3.2** *Soit $A_n \in \mathcal{L}(X,Y)$ une suite d'opérateurs ponctuellement convergente vers un opérateur $A: X \to Y$, ie, pour tout $\varphi \in X, A_n\varphi \to A\varphi, n \to \infty$. Alors $A$ est à son tour borné.*

*Preuve.* Il suffi de noter que pour tout $\varphi \in X$, la suite $A_n\varphi$ de $Y$ est convergente donc bornée. En appliquant le théorème de Banach-Steinhaus (3.3), on en déduit que $\|A_n\|$ est bornée, donc sa limite $\|A\|$ l'est aussi ∎

**Théorème 3.4** *Soit $A_n \in \mathcal{L}(X,Y)$ une suite d'approximation ponctuellement convergente vers $A \in \mathcal{L}(X,Y)$. Alors elle est uniformément convergente sur tout sous ensemble compact $U$ de $X$, i.e.,*

$$\sup_{\varphi \in U} \|A_n \varphi - A\varphi\| \to 0, \quad n \to \infty.$$

*Preuve.* Pour $\varepsilon > 0$ on considère les boules ouvertes $B(\varphi, r) = \{\psi \in X : \|\psi - \varphi\| < r\}$ de centre $\varphi \in X$ et de rayon $r = \varepsilon/3C$, où $C$ est une borne sur $\|A_n\|$ ainsi que $\|A\|$, Il est clair que

$$U \subset \bigcup_{\varphi \in U} B(\varphi, r)$$

forme un recouvrement ouvert de $U$. Comme $U$ est compact, on peut extraire un recouvrement fini

$$U \subset \bigcup_{j=1}^{m} B(\varphi_j, r)$$

La convergence ponctuelle de $A_n$ assure l'existence d'un entier $N(\varepsilon)$ tel que

$$\|A_n \varphi_j - A\varphi_j\| < \frac{\varepsilon}{3}$$

pour tout $n \geq N(\varepsilon)$ et tout $j = 1, ..., m$. Maintenant soit $\varphi \in U$. Alors il existe une boule $B(\varphi_j, r)$ de centre $\varphi_j$ contenant $\varphi$. Par conséquent, pour tout $n \geq N(\varepsilon)$ on a

$$\begin{aligned}\|A_n\varphi - A\varphi\| &\leq \|A_n\varphi - A_n\varphi_j\| + \|A_n\varphi_j - A\varphi_j\| + \|A\varphi_j - A\varphi\| \\ &\leq \|A_n\|\|\varphi - \varphi_j\| + \frac{\varepsilon}{3} + \|A\|\|\varphi_j - \varphi\| \leq 2Cr + \frac{\varepsilon}{3} = \varepsilon\end{aligned}$$

d'où la convergence est uniforme sur $U$ ∎

**Définition 3.3** *Un ensemble $\mathcal{A} = \{A : X \to Y\}$ d'opérateurs linéaires d'un espace normé $X$ dans un espace normé $Y$ est dit collectivement compact si pour tout sous ensemble borné $U \subset X$, l'image $\mathcal{A}(U) = \{A\varphi : \varphi \in U, A \in \mathcal{A}\}$ est relativement compact.*

**Définition 3.4** *On dit que $A_n \in \mathcal{L}(X,Y)$ est une suite d'approximations collectivement compacte de $A \in \mathcal{L}(X,Y)$ si et seulement si, $A_n$ converge ponctuellement vers $A$, et qu'il* existe $n_0 > 0$ tel que

$$\bigcup_{n \geq n_0} \{(A_n - A)\varphi : \quad \varphi \in X, \quad \|\varphi\| \leq 1\}$$

est un sous ensemble relativement compact dans $Y$.

**Théorème 3.5** *Soient $X, Z$ deux espaces normés et $Y$ un espace de Banach. Soit $\mathcal{A}$ un ensemble collectivement compact d'opérateurs définis de $X$ dans $Y$, et soit $L_n : Y \to Z$ une suite d'opérateurs linéaires bornés converge ponctuellement vers l'opérateur $L : Y \to Z$. Alors*

$$\|(L_n - L)(A)\| \to 0, \quad n \to \infty,$$

*uniformément pour tout $A \in \mathcal{A}$.*

*Preuve.* L'ensemble $U = \{A\varphi : \|\varphi\| \leq 1, A \in \mathcal{A}\}$ est relativement compact. D'après le théorème (3.4) la convergence $L_n \psi \to L\psi, n \to \infty$, est uniforme pour tout $\psi \in U$. Donc pour tout $\varepsilon > 0$ il existe un entier $N(\varepsilon)$ tel que

$$\|(L_n - L)A\varphi\| < \varepsilon$$

pour tout $n \geq N(\varepsilon)$, tout $\varphi \in X$ avec $\|\varphi\| \leq 1$, et tout $A \in \mathcal{A}$. Par conséquent

$$\|(L_n - L)A\| < \varepsilon$$

pour tout $n \geq N(\varepsilon)$, et tout $A \in \mathcal{A}$ ∎

**Corollaire 3.3** *Soit $X$ un espace de Banach et soit $A_n : X \to X$ une suite collectivement compacte et ponctuellement convergente vers $A : X \to X$. Alors*

$$\|(A_n - A)A\| \to 0 \quad et \quad \|(A_n - A)A_n\| \to 0, \quad n \to \infty.$$

**Convergence ponctuelle**

**Théorème 3.6** *Soit $A : X \to X$ un opérateur linéaire compact sur un espace de Banach $X$ tel que $I - A$ injectif. Soit $A_n : X \to X$ une suite collectivement compacte et* *ponctuellement convergente. Alors pour n assez grand, précisément pour tout n tel que*

$$\|(I - A)^{-1}(A_n - A)A_n\| < 1,$$

*l'opérateur inverse* $(I - A_n)^{-1} : X \to X$ *existe et borné par*

$$\|(I - A_n)^{-1}\| \leq \frac{1 + \|(I - A)^{-1}A_n\|}{1 - \|(I - A)^{-1}(A_n - A)A_n\|} \tag{3.6}$$

*Et pour les solutions des équations*

$$\varphi - A\varphi = f \quad et \quad \varphi_n - A_n\varphi_n = f_n$$

*on a l'estimation de l'erreur*

$$\|\varphi_n - \varphi\| \leq \frac{1 + \|(I - A)^{-1}A_n\|}{1 - \|(I - A)^{-1}(A_n - A)A_n\|} \{\|(A_n - A)\varphi\| + \|f_n - f\|\}.$$

**Preuve.** D'après le théorème de Riesz (2.6) l'opérateur inverse $(I - A)^{-1} : X \to X$ existe et borné. On a l'identité

$$(I - A)^{-1} = I + (I - A)^{-1}A$$

Considèrons

$$B_n = I + (I - A)^{-1}A_n$$

une approximation pour l'inverse de $I - A_n$. Un calcul élémentaire donne

$$B_n(I - A_n) = I - S_n \tag{3.7}$$

où

$$S_n = (I - A)^{-1}(A_n - A)A_n.$$

Du corollaire (3.3) nous concluons que $\|S_n\| \to 0, n \to \infty$. Pour $\|S_n\| < 1$, le théorème de la série de Neumann (2.2) implique que $(I - S_n)^{-1}$ existe et borné par

$$(I - S_n)^{-1} \leq \frac{1}{1 - \|S_n\|}.$$

Maintenant (3.7) implique que $I - A_n$ est injectif, et par conséquent, comme $A_n$ est compact, d'après le théorème (2.7) l'inverse $(I - A_n)^{-1}$ existe. Alors de (3.7) il en résulte $(I - A_n)^{-1} = (I - S_n)^{-1} B_n$, et également l'estimation (3.6). L'estimation de l'erreur provient de

$$(I - A_n)(\varphi_n - \varphi) = f_n - f + (A_n - A)\varphi,$$

ce qui achève la preuve ∎

**Théorème 3.7** *Supposons qu'il existe un $n_0 \in \mathbb{N}$ tel que pour tout $n \geq n_0$ les opérateurs inverses $(I - A_n)^{-1}$ existent et sont uniformément bornés. Alors l'opérateur inverse $(I - A)^{-1}$ existe et borné par*

$$\|(I - A)^{-1}\| \leq \frac{1 + \|(I - A_n)^{-1} A\|}{1 - \|(I - A_n)^{-1}(A_n - A)A\|} \tag{3.8}$$

*pour tout $n$ tel que*

$$\|(I - A_n)^{-1}(A_n - A)A\| < 1.$$

*Et pour les solutions des équations*

$$\varphi - A\varphi = f \quad et \quad \varphi_n - A_n \varphi_n = f_n$$

*on a l'estimation de l'erreur*

$$\|\varphi_n - \varphi\| \leq \frac{1 + \|(I - A_n)^{-1} A\|}{1 - \|(I - A_n)^{-1}(A_n - A)A\|} \{\|(A_n - A)\varphi_n\| + \|f_n - f\|\}$$

*Preuve.* Ceci résulte du théorème (3.6) en échangeant les rôles de $A$ et $A_n$ ∎

**Corollaire 3.4** *Sous les hypothèses du théorème (3.6) on a l'estimation de l'erreur suivante*

$$\|\varphi_n - \varphi\| \leq C\{\|(A_n - A)\varphi\| + \|f_n - f\|\} \tag{3.9}$$

*pour tout $n$ assez grand et certaine constante $C$.*

# Chapitre 4

# Méthodes de résolution approchées

On considère l'équation intégrale

$$\varphi(x) = f(x) + \int_G k(x,t)\varphi(t)dt, \quad x \in G, \tag{4.1}$$

où $G \subset \mathbb{R}^m, m \geq 1$ est un ensemble mesurable au sens de Peano-Jordan. Dans ce chapitre, on se place généralement dans l'espace $X = C(G)$ muni de la norme $\|.\|_\infty$, et parfois dans $X = L^2(G)$ muni d'un produit scalaire $\langle .,. \rangle$. L'opérateur intégral associé à l'équation intégrale (4.1), et qu'on désigne toujours par $A$ est supposé compact de $X$ dans lui même.

## 4.1 Méthodes du noyau dégénéré

La méthode du noyau dégénéré, dite aussi méthode du noyau séparable, est une méthode classique bien connue pour résoudre numériquement les équations intégrales de second type, elle est aussi l'une des méthodes numériques les plus simple à définir et analyser. L'idée essentiele consiste à remplacer le noyau de l'équation intégrale par un noyau dégénéré. Précisément, on approxime le noyau $k(x,t)$ de l'équation (4.1) par une suite de noyaux dégénérés,

$$k_n(x,t) = \sum_{i=1}^n p_i(x)q_i(t), \quad n \geq 1 \tag{4.2}$$

où $p_1, ..., p_n$ et $q_1, ..., q_n$ sont des éléments de $X$, tels que $p_1, ..., p_n$ sont linéairement indépendants. En tenant compte du théorème (3.1) aplliquée aux opérateurs $I - A$ et $I - A_n$, cette approximation devient plus efficace en terme de convergence, si elle est réalisée de sorte que l'opérateur intégral associé $A_n : X \to X$ défini par

$$A_n(\varphi) = \sum_{i=1}^{n} \langle \varphi, q_i \rangle p_i, \qquad (4.3)$$

satisfait la condition

$$\lim_{n \to \infty} \|A_n - A\| = 0 \qquad (4.4)$$

Dans $C(G)$, muni de la norme de la convergence uniforme, cela signifie exactement

$$\max_{x \in G} \int_G |k_n(x,t) - k(x,t)| dt \to 0 \text{ quand } n \to \infty$$

Généralement, nous voulons que cette convergence soit rapide pour obtenir une convergence rapide de $\varphi_n$ vers la solution $\varphi$, où $\varphi_n$ est la solution de l'équation approchée

$$\varphi_n(x) = f(x) + \int_G k_n(x,t)\varphi_n(t)dt, \quad x \in G, \qquad (4.5)$$

**Théorème 4.1** *Toute solution de l'équation*

$$\varphi_n = f + \sum_{i=1}^{n} \langle \varphi_n, q_i \rangle p_i \qquad (4.6)$$

*s'écrit sous la forme*

$$\varphi_n = f + \sum_{j=1}^{n} c_j p_j, \qquad (4.7)$$

*où les coefficients $c_1, ..., c_n$ sont solutions du système*

$$c_i - \sum_{j=1}^{n} c_j \langle p_j, q_i \rangle = \langle f, q_i \rangle, \quad i = 1, ..., n. \qquad (4.8)$$

*Preuve.* Voir [24] ∎

Pour bien assimiler cette méthode, voici quelques techniques d'approximation de la fonction noyau par une suite de noyaux dégénérés en utilisant les séries de Taylor, les séries de Fourier généralisées, et l'interpolation du noyau

### 4.1.1 Séries de Taylor

Soit $G = [a, b]$, on considère l'équation intégrale unidimensionnelle

$$\varphi(x) - \int_a^b k(x,t)\varphi(t)dt = f(x), \quad a \leq x \leq b \tag{4.9}$$

Supposons que le noyau $k$ admet un développement en série entière par rapport à la première variable $x$,

$$k(x,t) = \sum_{i=0}^{\infty} k_i(x)(t-a)^i \tag{4.10}$$

ou par rapport à $t$,

$$k(x,t) = \sum_{i=0}^{\infty} k_i(t)(x-a)^i \tag{4.11}$$

Soit $k_n$ la somme partielle des $n$ premiers termes de la série (4.10)

$$k_n(x,t) = \sum_{i=0}^{n-1} k_i(x)(t-a)^i \tag{4.12}$$

En utilisant la notation (4.2), $k_n$ est une suite de noyaux dégénérés

$$p_i(x) = k_{i-1}(x), \quad q_i(t) = (t-a)^{i-1}, \quad i = 1, ..., n \tag{4.13}$$

Le système linéaire (4.8) devient

$$c_i - \sum_{j=1}^{n} c_j \int_a^b (t-a)^{i-1} k_{j-1}(t)dt = \int_a^b f(t)(t-a)^{i-1}dt, \quad i = 1, ..., n \tag{4.14}$$

et la solution $\varphi_n$ est donnée par

$$\varphi_n(x) = f(x) + \sum_{i=0}^{n-1} c_{i+1} k_i(x) \tag{4.15}$$

## 4.1.2 Séries de Fourier généralisées

Soient $X = L^2(G)$ et $A : X \to X$ un opérateur intégral compact. On muni $X$ du produit scalaire

$$\langle f, g \rangle = \int_G w(x)f(x)g(x)dx \qquad (4.16)$$

où la fonction poids $w(x)$ vérifie les propriétés suivantes
- $w(x) \geq 0$ pour presque tout $x \in X$,
- Pour tout $n \geq 0$,

$$\int_G w(x)|x|^n dx < \infty$$

- Si $f \in C(G)$ et $f$ positive ou nulle sur $G$, alors

$$\int_G w(x)f(x)dx = 0 \Rightarrow f(x) \equiv 0$$

On considère $\{\psi_1, ..., \psi_n, ...\}$ un système orthonormal complet dans $L^2(G)$. C'est à dire

1. $\langle \psi_n, \psi_m \rangle = \delta_{nm}$, pour $1 \leq m, n < \infty$
2. Si $\varphi \in L^2(G)$ et si $\langle \varphi, \psi_n \rangle = 0$ pour tout $n \geq 1$, alors $\varphi = 0$

Alors, pour tout $\varphi \in L^2(G)$, on peut écrire

$$\varphi(x) = \sum_{i=1}^{\infty} \langle \varphi, \psi_i \rangle \psi_i(x)$$

C'est la série de Fourier généralisée de $\varphi$ par rapport à $\{\psi_i\}$, elle converge dans $L^2(G)$.

Nous pouvons donc appliquer ce développement pour l'approximation de $k(x,t)$, par rapport à l'une des variables.

En choisissant la première variable $x$, on a

$$k(x,t) = \sum_{i=1}^{\infty} \psi_i(x) q_i(t) \qquad (4.17)$$

avec

$$q_i(t) = \langle k(.,t), \psi_i \rangle = \int_G w(x) k(x,t) \psi_i(x) dx \qquad (4.18)$$

On définit une suite de noyaux dégénérés par

$$k_n(x,t) = \sum_{i=1}^{n} \psi_i(x) q_i(t) \qquad (4.19)$$

La solution de l'équation approchée $(I - A_n)\varphi_n = f_n$ est donnée par

$$\varphi_n(x) = f(x) + \sum_{i=1}^{n} c_i \psi_i(x) \qquad (4.20)$$

De (4.8), les coefficients $c_i$ sont solution du système

$$c_i - \sum_{j=1}^{n} c_j \int_G \psi_j(t) q_i(t) dt = \int_G q_i(t) f(t) dt, \quad i = 1, ..., n \qquad (4.21)$$

### 4.1.3 Interpolation du noyau

L'interpolation est l'une des techniques d'approximation d'un ensemble de données ou d'une fonction, d'une dérivée ou d'une intégrale. Dans cette partie, nous allons s'intéresser à l'interpolation de la fonction noyau $k(x,t)$. Cette méthode est utilisée largement par de nombreux auteurs dans plusieurs travaux de recherches, voir par exemple [9, 26]. On va donc décrire le cadre général de cette approche, et nous illustrons ces idées par des cas particuliers.

Soit $\psi_1(x), ..., \psi_n(x)$ une base pour l'espace des fonctions d'interpolation. Par exemple, pour l'espace des polynômes de degrés $< n$, on utilise la base monomiale

$$\psi_i(x) = x^{i-1}, \quad 1 \leq i \leq n \qquad (4.22)$$

Soit $x_1, ..., x_n$ un système de noeuds (points d'interpolation) de l'intervalle $[a, b]$, et $g$ une fonction arbitraire dans $C[a, b]$. Le problème d'interpolation peut être énoncé comme suit : Soit $g_1, ..., g_n$, $n$ points distincts, trouver une fonction

$$P(x) = \sum_{j=1}^{n} c_j \psi_j(x) \qquad (4.23)$$

telle que $P(x_i) = g_i, \quad i = 1, ..., n$

Ainsi, nous allons déterminer les coefficients $c_1, ..., c_n$ solutions du système linéaire

$$\sum_{j=1}^{n} c_j \psi_j(x_i) = g_i, \quad i = 1, ..., n \qquad (4.24)$$

**Définition 4.1** *Soit $x_1, ..., x_n$ un système de noeuds. Alors*

$$L_i(x) = \prod_{\substack{j=1 \\ j \neq i}}^{n} \frac{x - x_j}{x_i - x_j} \qquad (4.25)$$

*est appelé le $i$-ème polynôme de Lagrange. C'est un polynôme de degré $n$, il s'annule en tout $x_j$, sauf en $x_i$ où il prend la valeur 1. On écrit ceci, à l'aide de delta de Kronecker*

$$L_i(x_j) = \delta_{ij} = \begin{cases} 0, & i \neq j \\ 1, & i = j \end{cases}$$

Donc, pour la donnée d'une fonction arbitraire $g$,

$$P(x) = \sum_{i=1}^{n} g(x_i) L_i(x)$$

est une solution du problème d'interpolation énoncé ci-dessus.

**Théorème 4.2** *Si on se donne un système de noeuds $x_1, ..., x_n$, et les données $g(x_1), ..., g(x_n)$, alors il existe un polynôme unique, noté $P$, satisfait $P(x_i) = g(x_i), i = 1, ..., n$. Ce polynôme s'écrit dans la base de Lagrange*

$$P(x) = \sum_{i=1}^{n} g(x_i) L_i(x), \qquad (4.26)$$

*où $L_i(x)$ est donné par (4.25)*

**Interpolation gauche du noyau**

Soit

$$k_n(x, t) = \sum_{j=1}^{n} L_j(x) k(x_j, t) \qquad (4.27)$$

alors $k_n(x_i, t) = k(x_i, t), i = 1, ..., n$, pour tout $t \in [a, b]$.
Le système linéaire associé à la méthode du noyau dégénéré $(I - A_n)\varphi_n = f$ est

$$c_i - \sum_{j=1}^{n} c_j \int_a^b L_j(t)k(x_i, t)dt = \int_a^b k(x_i, t)f(t)dt, \quad i = 1, ..., n \tag{4.28}$$

La solution $\varphi_n$ est donnée par

$$\varphi_n(x) = f(x) + \sum_{j=1}^{n} c_j L_j(x) \tag{4.29}$$

**Interpolation droite du noyau**

Soit

$$k_n(x, t) = \sum_{j=1}^{n} k(x, x_j) L_j(t) \tag{4.30}$$

Alors, $k_n(x, x_i) = k(x, x_i)$, pour tout $x \in [a, b], i = 1, ..., n$. La méthode du noyau dégénéré est donnée par

$$\varphi_n(x) = f(x) + \sum_{j=1}^{n} c_j k(x, x_j) \tag{4.31}$$

avec $c_j$ sont solutions du système

$$c_i - \sum_{j=1}^{n} c_j \int_a^b L_i(x)k(x, x_j)dx = \int_a^b L_i(x)f(x)dx, \quad i = 1, ..., n \tag{4.32}$$

**Interpolation linéaire par morceaux :**

Soit $n \geq 1$, $h = (b-a)/n$, et $x_i = a + ih, i = 0, ..., n$. Étant donné une fonction $g \in C[a, b]$. Nous allons interpoler cette fonction aux points $(x_i)$ en utilisant l'interpolation linéaire par morceaux. Pour $i = 1, ..., n$, on défini un opérateur de projection[1] $\mathcal{P}_n : C[a, b] \to C[a, b]$ par

$$\mathcal{P}_n g(x) = \frac{(x_i - x)g(x_{i-1}) + (x - x_{i-1})g(x_i)}{h}, \quad x_{i-1} \leq x \leq x_i \tag{4.33}$$

---

1. Voir la section (4.3) sur les méthodes de projection

En introduisant se qu'on appelle les fonctions chapeaux [2], dite aussi fonctions cardinales, qui définissent une base de Lagrange

$$L_i(x) = \begin{cases} \frac{1}{h}(x - x_{i-1}), & x_{i-1} \leq x \leq x_i, \quad i \geq 1, \\ \frac{1}{h}(x_{i+1} - x), & x_i \leq x \leq x_{i+1}, \quad i \leq n-1, \\ 0, & \text{ailleurs} \end{cases} \quad (4.34)$$

L'opérateur de projection (4.33) s'écrit

$$\mathcal{P}_n g(x) = \sum_{i=0}^{n} g(x_i) L_i(x) \quad (4.35)$$

Il est linéaire et borné avec $\|\mathcal{P}_n\|_\infty = 1$. En effet, de (4.35) nous avons

$$\|\mathcal{P}_n\|_\infty \leq \max_{a \leq x \leq b} \sum_{i=1}^{n} |L_i(x)|$$

Choisissons maintenant $z \in [a,b]$ tel que

$$\sum_{i=1}^{n} |L_i(z)| = \max_{a \leq x \leq b} \sum_{i=1}^{n} |L_i(x)|$$

et une fonction $f \in C[a,b]$ avec $\|f\|_\infty = 1$ et

$$\sum_{i=1}^{n} f(x_i) L_i(z) = \sum_{i=1}^{n} |L_i(z)|$$

Alors

$$\|\mathcal{P}_n\|_\infty \geq \|\mathcal{P}_n f\|_\infty \geq |\mathcal{P}_n f(z)| = \max_{a \leq x \leq b} \sum_{i=1}^{n} |L_i(x)|,$$

donc on a l'égalité

$$\|\mathcal{P}_n\|_\infty = \max_{a \leq x \leq b} \sum_{i=1}^{n} |L_i(x)| \quad (4.36)$$

Et comme $L_i \geq 0$, pour tout $i = 0, ..., n$, on a $\sum_{i=0}^{n} |L_i(x)| = \sum_{i=0}^{n} L_i(x) = 1$ pour tout $x \in [a,b]$. D'où $\|\mathcal{P}_n\|_\infty = 1$.

---

2. Voir [14, page 33] pour plus de précisions

**Théorème 4.3** *Soit $g \in C^2[a,b]$. Alors, pour l'erreur d'interpolation linéaire par morceaux, nous avons l'estimation suivante*

$$\|\mathcal{P}_n g - g\|_\infty \leq \frac{1}{8}h^2\|g''\|_\infty \tag{4.37}$$

*Preuve.* Evidemment, le maximum de $|\mathcal{P}_n g - g|$ dans $[x_i, x_{i+1}]$ est atteint en un point intérieur $\xi$ tel que $g'(\xi) = (\mathcal{P}_n g)'(\xi) = [g(x_{i+1}) - g(x_i)]/h$. Sans perte de généralité nous pouvons supposer que $\xi - x_i \leq h/2$. Puis, en utilisant la formule de Taylor, on trouve

$$\begin{aligned}(\mathcal{P}_n g)(\xi) - g(\xi) &= g(x_i) + (\mathcal{P}_n g)'(\xi)(\xi - x_i) - g(\xi) \\ &= g(x_i) - g(\xi) - (x_i - \xi)g'(\xi) = \frac{1}{2}(x_i - \xi)^2 g''(\eta)\end{aligned}$$

avec $\eta \in ]x_i, \xi[$. Par conséquent,

$$\max_{x_i \leq x \leq x_{i+1}} |(\mathcal{P}_n g)(x) - g(x)| \leq \frac{1}{8}h^2\|g''\|_\infty$$

■

En interpolant $k(x,t)$ par rapport à $x$, on a

$$k_n(x,t) = \frac{(x_i - x)k(x_{i-1},t) + (x - x_{i-1})k(x_i,t)}{h}, \quad x_{i-1} \leq x \leq x_i \tag{4.38}$$

pour $i = 1, ..., n, a \leq t \leq b$. Les coefficients de la matrice associée au système (4.28) sont donnés par

$$\langle a_i, b_i \rangle = \int_{x_{i-1}}^{x_{i+1}} L_i(t)k(x_i,t)dt \tag{4.39}$$

Pour calculer ces intégrales, nous essayons de choisir une méthode numérique d'intégration qui exigera seulement quelques points de quadrature sur l'intervalle d'intégration, avec une erreur d'intégration de même ordre que l'erreur commise sur la solution approchée $\varphi_n(x)$. Dans notre cas, la formule de Gauss-Legendre à deux points

$$\int_0^h y(x)dx \approx \frac{h}{2}\left[y\left(\left[1 - \frac{1}{\sqrt{3}}\right]\frac{h}{2}\right) + y\left(\left[1 + \frac{1}{\sqrt{3}}\right]\frac{h}{2}\right)\right] \tag{4.40}$$

est tout à fait suffisante, une fois appliquée sur chaque sous intervalle $[x_{i-1}, x_i]$.
Les côtés droits de (4.28) sont donnés par

$$\langle f, b_i \rangle = \int_a^b f(t) k(x_i, t) dt \qquad (4.41)$$

Du théorème (4.3), il en résulte que l'estimation de l'erreur commise dans l'approximation d'un opérateur intégral $A$ à noyau deux fois continûment différentiable par un opérateur à noyau dégénéré $A_n$ en utilisant l'interpolation linéaire par morceaux est donnée par

$$\|A_n - A\|_\infty \leq \frac{1}{8} h^2 (b-a) \left\| \frac{\partial^2 k}{\partial x^2} \right\|_\infty \qquad (4.42)$$

Donc, d'après les théorèmes (3.1) et (3.2) appliqués aux opérateurs $I - A$ et $I - A_n$, l'erreur d'approximation de la solution de l'équation intégrale correspondante est d'ordre $\mathcal{O}(h^2)$.

## 4.2 Méthodes de quadrature

Une formule de quadrature est une méthode numérique d'approximation d'une intégrale de la forme

$$Q(g) = \int_a^b g(x) dx,$$

Dans cette partie, nous allons considérer seulement les règles de quadratures de la forme

$$Q_n(g) = \sum_{j=1}^n w_j^{(n)} g(x_j^{(n)})$$

avec $x_1^{(n)}, ..., x_n^{(n)}$ sont des points de quadrature de $[a, b]$ et les réels $w_1^{(n)}, ..., w_n^{(n)}$ sont les poids de quadrature.

Dans la pratique, parmi les méthodes d'intégration numérique les plus usuelles, celles de Newton-Cotes, elles sont basées sur l'interpolation de la fonction d'intégration $g$ par un polynôme construit sur un système de noeuds. Cependant, le comportement de la convergence est insuffisant lorsque le degré d'interpolation est élevé, pour cette raison, il est plus pratique d'utiliser ce qu'on appelle les règles composites. notamment la règle composite du trapèze et la règle composite de Simpson.

Soit $x_i = a + ih, i = 0, ..., n$ une subdivision équidistante d'un pas $h = (b-a)/n$.

**Théorème 4.4** *Soit $g \in C^2[a,b]$. Alors pour le reste*

$$R_T(g) = \int_a^b g(x)dx - h\left[\frac{1}{2}g(x_0) + g(x_1) + ... + g(x_{n-1}) + \frac{1}{2}g(x_n)\right]$$

*de la règle composite du trapèze, on a l'estimation*

$$|R_T(g)| \leq \frac{1}{12}h^2(b-a)\|g''\|_\infty.$$

**Théorème 4.5** *Soient $g \in C^{(4)}[a,b]$ et $n$ un entier naturel pair. Alors pour le reste*

$$R_S(g) = \int_a^b g(x)dx - \frac{h}{3}[g(x_0) + 4g(x_1) + 2g(x_2) + 4g(x_3) + 2g(x_4)$$
$$+ ... + 2g(x_{n-2}) + 4g(x_{n-1}) + g(x_n)]$$

*de la règle composite de Simpson, on a l'estimation*

$$|R_S(g)| \leq \frac{1}{180}h^4(b-a)\|g^{(4)}\|_\infty.$$

**Définition 4.2** *Une suite de règles de quadrature $(Q_n)$ est dite* **convergente** *si $Q_n(g) \to Q(g), n \to \infty$, pour tout $g \in C[a,b]$.*

**Théorème 4.6** *Les formules de quadrature $(Q_n)$ converge si et seulement si $Q_n(g) \to Q(g), n \to \infty$, pour tout $g$ élément d'un ensemble $U$ dense dans $C[a,b]$ et*

$$\sup_{n \in \mathbb{N}} \sum_{j=1}^n |w_j^{(n)}| < \infty$$

### 4.2.1 Méthode de Nyström

Par le choix d'une suite de règles de quadrature $(Q_n)$ convergente, on approxime l'opérateur intégral

$$(A\varphi)(x) = \int_a^b k(x,t)\varphi(t)dt, \quad a \leq x \leq b, \tag{4.43}$$

à noyau $k$ continu, par une suite d'opérateurs numériques

$$(A_n\varphi)(x) = \sum_{j=1}^{n} w_j^{(n)} k(x, x_j^{(n)}) \varphi(x_j^{(n)}), \quad a \leq x \leq b, \tag{4.44}$$

Alors, la solution de l'équation intégrale de second type

$$\varphi - A\varphi = f$$

est approchée par la solution de

$$\varphi_n - A_n\varphi_n = f,$$

ce qui est réduit à la résolution d'un système d'équations de dimension finie.

**Théorème 4.7** *Soit $\varphi_n$ la solution de*

$$\varphi_n(x) - \sum_{j=1}^{n} w_j k(x, x_j) \varphi_n(x_j) = f(x), \quad a \leq x \leq b. \tag{4.45}$$

*Alors, les valeurs $\varphi_i^{(n)} = \varphi_n(x_i), i = 1, ..., n$ aux points de quadrature sont solution du système*

$$\varphi_i^{(n)} - \sum_{j=1}^{n} w_j k(x_i, x_j) \varphi_j^{(n)} = f(x_i), \quad i = 1, ..., n. \tag{4.46}$$

*Réciproquement, si $\varphi_i^{(n)}, i = 1, ..., n$, sont solution du système (4.46). Alors la fonction $\varphi_n$ définie par*

$$\varphi_n(x) = f(x) + \sum_{j=1}^{n} w_j k(x, x_j) \varphi_j^{(n)}, \quad a \leq x \leq b, \tag{4.47}$$

*est une solution de (4.45)*

**Théorème 4.8** *Supposons que les règles de quadrature $(Q_n)$ sont convergentes. Alors la suite $(A_n)$ est collectivement compacte et ponctuellement convergente vers $A$, mais elle ne l'est pas en norme.*

*Preuve.* Puisque les règles de quadrature $Q_n$ sont supposées convergentes, donc d'après le théorème (4.6), il existe une constante $C$ telle que

$$\sum_{j=1}^{n} |w_j^{(n)}| \leq C$$

pour tout $n \in \mathbb{N}$. Alors on a

$$\|A_n \varphi\|_\infty \leq C \max_{x,t \in [a,b]} |k(x,t)| \|\varphi\|_\infty \qquad (4.48)$$

et

$$|(A_n\varphi)(x_1) - (A_n\varphi)(x_2)| \leq C \max_{a \leq t \leq b} |k(x_1,t) - k(x_2,t)| \|\varphi\|_\infty \qquad (4.49)$$

pour tout $x_1, x_2 \in [a,b]$. Maintenant, soit $U \subset C[a,b]$ borné. Alors de (4.48) et (4.49) on remarque que $\{A_n\varphi : \varphi \in U, n \in \mathbb{N}\}$ est borné et équicontinue, car $k$ est uniformément continu sur $[a,b]^2$. Donc, par le théorème d'Arzelà-Ascoli, la suite $(A_n)$ est collectivement compacte.

Comme la quadrature est convergente, pour $\varphi \in C[a,b]$ fixé, la suite $(A_n\varphi)$ est ponctuellement convergente, i.e., $(A_n\varphi)(x) \to (A\varphi)(x), n \to \infty$, pour tout $x \in [a,b]$. Également à la suite (4.49), la suite $(A_n\varphi)$ est équicontinue. Par conséquent elle est uniformément convergente $\|A_n\varphi - A\varphi\| \to 0, n \to \infty$.(Puisqu'elle converge ponctuellement)

Pour $\varepsilon > 0$ choisissons une fonction $\psi_\varepsilon \in C[a,b]$ avec $0 \leq \psi_\varepsilon(x) \leq 1$ pour tout $x \in [a,b]$ telle que $\psi_\varepsilon(x) = 1$ pour tout $x \in [a,b]$ avec $\min_{j=1,\ldots,n} |x - x_j| \geq \varepsilon$ et $\psi_\varepsilon(x_j) = 0, j = 1,\ldots,n$. Alors

$$\|A\varphi\psi_\varepsilon - A\varphi\|_\infty \leq \max_{x,t \in [a,b]} |k(x,t)| \int_a^b (1 - \psi_\varepsilon(t))\, dt \to 0, \quad \varepsilon \to 0,$$

pour tout $\varphi \in C[a,b]$ avec $\|\varphi\|_\infty = 1$. En utilisant ce résultat, on obtient

$$\begin{aligned}
\|A - A_n\|_\infty &= \sup_{\|\varphi\|_\infty=1} \|(A - A_n)\varphi\|_\infty \geq \sup_{\|\varphi\|_\infty=1} \sup_{\varepsilon>0} \|(A - A_n)\varphi\psi_\varepsilon\|_\infty \\
&= \sup_{\|\varphi\|_\infty=1} \sup_{\varepsilon>0} \|A\varphi\psi_\varepsilon\|_\infty \geq \sup_{\|\varphi\|_\infty=1} \|A\varphi\|_\infty = \|A\|_\infty,
\end{aligned}$$

d'où, la suite $(A_n)$ ne converge pas en norme. ∎

**Corollaire 4.1** *Pour toute équation intégrale de second type telle que, le noyau $k$ et le* *terme libre f sont deux fonctions continues, et admet une solution unique, la méthode de Nyström avec une suite de règles de quadrature convergentes est uniformément convergente.*

**Analyse de l'erreur**

En principe, en utilisant le théorème (3.6), il est possible d'avoir une majoration de l'erreur. Mais du point de vue pratique, cela est un peu compliqué. Usuellement, il est suffisant d'estimer l'erreur par extrapolation de l'ordre de convergence. Pour une analyse de l'erreur à partir de l'estimation (3.9) du corollaire (3.4), nous avons besoin de la norme

$$\|(A - A_n)\varphi\|_\infty = \max_{a \leq x \leq b} \left| \int_a^b k(x,t)\varphi(t)dt - \sum_{j=1}^n w_j k(x,x_j)\varphi(x_j) \right|$$

ce qui exige une évaluation uniforme de l'erreur de quadrature appliquée à l'intégration de $k(x,.)\varphi(.)$. Donc, à partir de l'estimation (3.9), il en résulte que sous des hypothèses adéquates sur la régularités du noyau $k$ et de la solution cherchée $\varphi$, l'ordre de convergence de la formule de quadrature est proportionnel à l'ordre de la convergence des solutions approchées de l'équation intégrale. Par exemple dans le cas de la règle de Simpson, sous les hypothèses $\varphi \in C^4[a,b]$ et $k \in C^4[a,b] \times [a,b]$, d'après le théorème (4.5), nous avons

$$\|(A - A_n)\varphi\|_\infty \leq \frac{1}{180} h^4 (b-a) \max_{x,t \in [a,b]} \left| \frac{\partial^4 k(x,t)\varphi(t)}{\partial t^4} \right| \quad (4.50)$$

La méthode de Nyström peut être prolongée à la résolution des équations intégrales faiblement singulières, c'est à dire, le noyau est une fonction discontinue de type (2.3). La *méthode d'intégration produit* est l'une des méthodes les plus usuelles. Historiquement, notons que l'origine de l'idée d'intégration produit pour l'approximation d'opérateur intégral est introduite par Young [46]. Ce résultat a été amélioré par de Hoog et Weiss [15]. Plus tard, d'autres travaux ont étés effectués dans ce sens par Atkinson [2], Schneider [42], Graham [22], et récemment par Allouch et al. [10].

## 4.3 Méthodes de projection

**Définition 4.3** *Soit $X$ un espace normé et $U \subset X$ un sous espace non trivial. Un opérateur borné $P : X \to U$ est appelé opérateur de projection ou projecteur de $X$ dans $U$ s'il vérifié $P\varphi = \varphi$ pour tout $\varphi \in U$.*

**Théorème 4.9** *Un opérateur linéaire borné non trivial $P$, défini d'un espace normé $X$ dans lui même est un opérateur de projection si et seulement si $P^2 = P$. Dans ce cas on a alors $\|P\| \geq 1$.*

*Preuve.* Soit $P : X \to U$ un opérateur de projection. Alors de $P\varphi \in U$ il en résulte que $P^2\varphi = P(P\varphi) = P\varphi$ pour tout $\varphi \in X$. Réciproquement, soit $P^2 = P$ et soit $U = P(X)$. Alors, pour tout $\varphi \in U$ nous pouvons écrire $\varphi = P\psi$ pour un certain $\psi \in X$, donc $P\varphi = \varphi$. Finalement, $P^2 = P$, implique $\|P\| \leq \|P\|^2$, d'où $\|P\| \geq 1$ ∎

**Définition 4.4** *On se donne $X$ et $Y$ deux espaces de Banach, ainsi que $A : X \to Y$ un opérateur borné injectif. Pour $f \in A(X) \subset Y$, on cherche à approximer la solution de l'équation*

$$A\varphi = f, \quad \varphi \in X \tag{4.51}$$

*Pour ce faire, on se donne une suite de sous espaces $X_n \subset X$ et $Y_n \subset Y$ de dimension finie $n$, ainsi que des opérateurs de projection $P_n : Y \to Y_n$. On considère l'équation approchée*

$$P_n A \varphi_n = P_n f, \quad \varphi_n \in X_n \tag{4.52}$$

*Cette méthode de projection est dite convergente, s'il existe un rang $n_0$ à partir duquel pour tout $f \in A(X)$, l'équation approchée (4.52) admet une unique solution $\varphi_n \in X_n$ et que cette solution converge vers la solution $\varphi$ de (4.51).*

Cette condition de convergence peut s'exprimer simplement en fonction de l'opérateur $A_n = P_n A : X_n \to Y_n$. Elle signifie simplement qu'à partir d'un certain rang, cet opérateur est inversible, et que de plus, on a une convergence ponctuelle

$$A_n^{-1}(P_n f) = A_n^{-1}(P_n(A\varphi)) = (P_n A)^{-1} P_n A \varphi \to \varphi, n \to \infty$$

**Définition 4.5** *On dit qu'un sous espace $X_n$ d'un espace normé $X$ possède la propriété* de densité en norme si

$$\forall \varphi \in X_n, \quad \inf_{\psi \in X_n} \|\psi - \varphi\| \to 0, n \to \infty. \tag{4.53}$$

**Théorème 4.10** *On se place dans le cadre de la densité décrite par (4.53). Une méthode de projection pour un opérateur linéaire injectif $A : X \to Y$ d'un espace de Banach $X$ dans un espace de Banach $Y$ converge si et seulement si, il existe un $n_0$ à partir duquel les opérateurs de dimension finie $P_n A : X_n \to Y_n$ sont inversible et si les opérateurs $(P_n A)^{-1} P_n A : X \to X_n$ sont uniformément bornés, i.e.,*

$$\exists M > 0, n \geq n_0, \quad \|(P_n A)^{-1} P_n A\| \leq M, \tag{4.54}$$

*Dans le cas de convergence, on a l'estimation de l'erreur commise en approchant $\varphi \in X$ par la solution approchée $\varphi_n = (P_n A)^{-1}(P_n A \varphi)$*

$$\|\varphi_n - \varphi\| \leq (1 + M) \inf_{\psi \in X_n} \|\psi - \varphi\|. \tag{4.55}$$

*Preuve.* Si on suppose que la méthode de projection converge pour l'opérateur $A$, cela est équivalent, comme nous l'avons déjà dit, qu'à partir d'un certain rang $n_0$, on a une convergence ponctuelle des opérateurs d'approximations $B_n = (P_n A)^{-1} P_n A$. Alors le théorème (3.3) assure que les opérateurs $B_n$ sont bornés uniformément, ce qui donne bien (4.54). Réciproquement, si les hypothèses du théorème sont remplies, on peut écrire

$$\varphi_n - \varphi = (B_n - I)\varphi = ((P_n A)^{-1} P_n A - I)\varphi$$

Et comme les $\psi \in X_n$, sont invariant par $B_n$, on obtient

$$\varphi_n - \varphi = (B_n - I)(\varphi - \psi) = ((P_n A)^{-1} P_n A - I)(\varphi - \psi)$$

D'où l'estimation (4.55) et le résultat voulu ∎

La méthode de projection pour une équation de second type

$$\varphi - A\varphi = f \tag{4.56}$$

est définie seulement par la donnée d'une suite de sous espaces $X_n \subset X$ et d'une suite d'opérateurs de projection $P_n : X \to X_n$, et on considère l'équation approchée

$$\varphi_n - P_n A \varphi_n \;=\; P_n f \tag{4.57}$$

**Théorème 4.11** *Soit $A : X \to X$ compact et $I - A$ injectif, et soit $P_n : X \to X_n$ une suite d'opérateurs de projection ponctuellement convergente $P_n \varphi \to \varphi, n \to \infty$, pour tout $\varphi \in X$. Alors la méthode de projection converge pour $I - A$.*

*Preuve.* La première remarque importante est que la convergence des projections $P_n \varphi$ signifie la convergence de la méthode pour l'opérateur identité $I$. Avec le théorème (4.10), on a donc l'existence d'une constante $M$ telle que $\|P_n\| \leq M$.

Avec la théorie de Riesz, comme $A$ est compact, l'opérateur $I - A : X \to X$ qui est injectif est donc aussi bijectif, et d'inverse borné par $M_1$.

La convergence ponctuelle de $P_n$ vers $I$ ainsi que la compacité de l'opérateur $A$ entraine, par le théorème (3.5) la convergence en norme de l'opérateur $P_n A : X \to X_n$, ie :

$$\|(P_n - I)A\| \;=\; \|(I - P_n A) - (I - A)\| \to 0, n \to \infty$$

Donc avec le théorème (3.1), à partir d'un certain rang $n_0$, l'opérateur borné $I - P_n A$ est inversible, d'inverse borné. Si on restreint cet opérateur à $X_n$, on obtient que l'opérateur $I - P_n A = P_n(I - A) : X_n \to X_n$ est inversible d'inverse borné par $M_2$.

Pour montrer la convergence de la méthode pour $I - A$, il ne reste plus qu'à montrer la condition (4.54), ce qui est immédiat :

$$\| [P_n(I - A)]^{-1} P_n(I - A)\| \;\leq\; \|(P_n(I - A))^{-1}\| \|P_n\| \|I - A\| \leq M_2 M M_1$$

**Théorème 4.12** *Soit $A : X \to X$ un opérateur compact, et $I - A$ injectif. On suppose que les projecteurs $P_n : X \to X_n$ vérifient $\|P_n A - A\| \to 0, n \to \infty$. Alors, pour $n$ assez grand, l'équation approchée (4.57) admet une solution unique pour tout $f \in X$ (i.e, $(I - P_n A)^{-1}$ existe ) et nous avons l'estimation de l'erreur*

$$\|\varphi_n - \varphi\| \;\leq\; M \|P_n \varphi - \varphi\| \tag{4.58}$$

*où $M$ est une constante qui est, à priori, dépendante de $A$.*

*Preuve.* Les théorèmes (2.7) et (3.1), appliquées à $I - A$ et $I - P_n A$, impliquent qu'à partir d'un certain rang, les opérateurs inverses $(I - P_n A)^{-1}$ existent, de plus, ils sont uniformément bornés. Pour vérifier l'erreur, on applique l'opérateur de projection $P_n$ à (4.56), on obtient

$$\varphi - P_n A\varphi = P_n f + \varphi - P_n \varphi.$$

En utilisant (4.57), on trouve

$$(I - P_n A)(\varphi_n - \varphi) = P_n \varphi - \varphi,$$

Ce qui prouve l'estimation (4.58) ∎

### 4.3.1 Méthode de collocation

Généralement, le principe de la méthode de collocation appliquée à la résolution approchée de l'équation opérateur

$$\varphi - A\varphi = f \qquad (4.59)$$

consiste à chercher une solution approchée dans un sous espace de dimension finie, en exigeant que l'équation (4.59) soit vérifiée seulement en un nombre fini de points appelés *points de collocation*.

En pratique, nous choisissons une suite de sous espaces $X_n \subset X, n \geq 1$ de dimension finie, généralement des sous espaces de $C(G)$ ou de $L^2(G)$. Soit $\{\psi_1, ..., \psi_n\}$ une base de $X_n$. On cherche une fonction $\varphi_n \in X_n$, de la forme

$$\varphi_n(x) = \sum_{j=1}^{n} c_j \psi_j(x), \quad x \in G, \qquad (4.60)$$

Pour déterminer les coefficients $(c_j)$, on substitue d'abord cette combinaison dans l'équation (4.59), et on exige que l'équation doit être vérifiée dans le sens où le *résidu*

$$\begin{aligned}
r_n(x) &= \varphi_n(x) - \int_G k(x,t)\varphi_n(t)dt - f(x) \\
&= \sum_{j=1}^{n} c_j \left\{ \psi_j(x) - \int_G k(x,t)\psi_j(t)dt \right\} - f(x), \quad x \in G, \qquad (4.61)
\end{aligned}$$

soit nul sur un système de nœuds $x_1, ..., x_n \in G$, (i.e. *aux points de collocation*)

Ce qui conduit systématiquement à la résolution du système linéaire

$$\sum_{j=1}^{n}\left\{\psi_j(x_i) - \int_G k(x_i,t)\psi_j(t)dt\right\}c_j = f(x_i), \quad i=1,...,n \qquad (4.62)$$

de la forme $\Psi_n X = f_n$. Évidemment, ce système admet une solution unique si le det $\Psi_n$ est non nul, ce qui dépend d'ailleurs du choix des points de collocation.

### 4.3.2  Méthode de Galerkin

Il s'agit d'une méthode hilbertienne, c'est à dire qu'elle met en jeu la projection de notre équation dans un sous espace de dimension finie. Pour ce faire, soit $X$ un espcace d'Hilbert muni d'un produit scalaire $\langle .,. \rangle$, on se donne une suite de sous espace $X_n \subset X$ de dimension finie. Soit $\{\psi_1,...,\psi_n\}$ une base orthonormale de $X_n$, on cherche une fonction $\varphi_n \in X_n$ de la forme (4.60), proche de la solution exacte du problème original.

Donc pour le problème (4.59), l'idée est de minimiser l'erreur

$$r_n = \sum_{i=1}^{n} c_i(I-A)\psi_i - f \qquad (4.63)$$

d'où on impose la condition d'orthogonalité suivante

$$\langle r_n, \psi_j \rangle = \left\langle \sum_{i=1}^{n} c_i(I-A)\psi_i - f, \psi_j \right\rangle = 0, \quad j=1,...,n \qquad (4.64)$$

ce qui implique

$$\left\langle \sum_{i=1}^{n} c_i(I-A)\psi_i, \psi_j \right\rangle - \langle f, \psi_j \rangle = 0, \quad j=1,...,n \qquad (4.65)$$

ou

$$\sum_{i=1}^{n} c_i\{\langle \psi_i, \psi_j \rangle - \langle A\psi_i, \psi_j \rangle\} = \langle f, \psi_j \rangle, \quad j=1,...n \qquad (4.66)$$

Ainsi, on obtient le système linéaire

$$c_j - \sum_{i=1}^{n} c_i \langle A\psi_i, \psi_j \rangle = \langle f, \psi_j \rangle, \quad j=1,...n \qquad (4.67)$$

### 4.3.3 Discussion de la convergence des méthodes de projection

Soient $X = L_w^2[a,b]$ et $X_n$ une suite de sous-espaces de $X$, de dimension fini $n$. Tout élément $\varphi \in X$ s'écrit sous la forme

$$\varphi = \sum_{j=0}^{\infty} c_j \psi_j \qquad (4.68)$$

où, $c_j$ sont les coefficients de ce développement, et $\psi_j$ sont les éléments d'un système orthogonal. Notre objectif, est de chercher une solution approchée dans $X_n$ à l'aide d'une suite de projecteurs $P_n : X \to X_n$, sous la forme de la série tranquée

$$P_n \left( \sum_{j=0}^{\infty} c_j \psi_j \right) = \sum_{j=0}^{n} c_j \psi_j \qquad (4.69)$$

Par la donnée d'une fonction poids $w = w(x)$ sur $[a,b]$, l'orthogonalité est définie par

$$\int_a^b w(x)\psi_i(x)\psi_j(x)dx = \delta_{ij}$$

Alors, les coefficients $c_j$ dans (4.68) sont données par

$$c_j = \frac{1}{\|\psi_j\|_w^2} \int_a^b w(x)\varphi(x)\psi_j(x)dx \qquad (4.70)$$

avec

$$\|\psi_j\|_w = \left( \int_a^b w(x)\psi_j(x)\psi_j(x)dx \right)^{1/2} \qquad (4.71)$$

**Théorème 4.13** *Soient $\varphi \in L_w^2[a,b]$ et $n \in \mathbb{N}$. Alors $P_n\varphi$ est la meilleure approximation au sens de la norme $L^2$ (4.71), d'une autre manière*

$$\|\varphi - P_n\varphi\|_{L_w^2} = \inf_{\psi \in \mathbb{P}_n} \|\varphi - \psi\|_{L_w^2} \qquad (4.72)$$

*Preuve.* Comme $\psi \in \mathbb{P}_n$, ils existent des coefficients $c_j, 0 \leq j \leq n$ tels que $\psi = \sum_{j=0}^{n} c_j \psi_j$. De minimiser $\|\varphi - \psi\|_{L_w^2}$ est équivalent à minimiser $\|\varphi - \psi\|_{L_w^2}^2$, on a

$$\begin{aligned}\frac{\partial}{\partial c_k}\|\varphi - \psi\|_{L_w^2}^2 &= \frac{\partial}{\partial c_k}\left(\|\varphi\|_{L_w^2}^2 - 2\sum_{j=0}^{n} c_j \langle \varphi, \psi_j \rangle_{L_w^2} + \sum_{j=0}^{n} c_j^2 \|\varphi\|_{L_w^2}^2\right) \\ &= -2\langle \varphi, \psi_k \rangle_{L_w^2} + 2c_k \|\psi_k\|_{L_w^2}^2, \quad 0 \leq k \leq n.\end{aligned}$$

Le minimum est attient au point où la dérivée s'annule, donc

$$c_k = \frac{\langle \varphi, \psi_k \rangle_{L_w^2}}{\|\psi_k\|_{L_w^2}^2}, \quad 0 \leq j \leq n$$

ce qui achève la preuve ■

**Théorème 4.14** *Pour tout $\varphi \in L_w^2[a,b]$,*

$$\lim_{n \to \infty} \|\varphi - P_n\varphi\|_{L_w^2} = 0. \tag{4.73}$$

*Preuve.* Voir [20] ■

Le développement (4.68) est la base de toutes les méthodes de projection. Un exemple classique d'une telle méthode est la méthode de Fourier en utilisant les fonctions

$$\psi_j(x) = e^{ijx}, \quad i^2 = -1 \tag{4.74}$$

qui sont orthogonales dans l'intervalle $[0, 2\pi]$ avec $w(x) = 1$. Bien entendu, notons qu'en pratique plusieurs polynômes orthogonaux peuvent être utilisés d'une manière analogue tels que les polynômes de Legendre, de Tchebychev ou d'autres.

**Polynômes trigonométriques de Fourier**

Soit $X = L^2[0, 2\pi]$, muni du produit scalaire

$$\langle \varphi, \psi \rangle = \int_0^{2\pi} \varphi(x)\overline{\psi(x)}dx \tag{4.75}$$

et de la norme

$$\|\varphi\|_{L^2[0,2\pi]} = \left(\int_0^{2\pi} |\varphi(x)|^2 dx\right)^{1/2} \tag{4.76}$$

Soient $\mathbb{T}_n$ l'espace des polynômes trigonométriques de degré au plus $n$, engendré par le système (4.74), et $P_n : L^2[0, 2\pi] \to \mathbb{T}_n$, l'opérateur de la projection orthogonale sur $\mathbb{T}_n$ en utilisant le produit scalaire (4.75) :

$$\langle \varphi - P_n\varphi, \psi \rangle = 0, \quad \forall \psi \in \mathbb{T}_n$$

Si, on pose

$$H_p^m[0, 2\pi] = \left\{ \varphi \in L^2[0, 2\pi] : \text{ pour } 0 \leq k \leq m, \quad \frac{d^k\varphi}{dx^k} \in L^2[0, 2\pi] \right\}$$

où la dérivée $\frac{d^k\varphi}{dx^k}$ est prise au sens des distributions périodiques. $H_p^m[0, 2\pi]$, muni du produit scalaire

$$\langle \varphi, \psi \rangle_m = \sum_{k=0}^{m} \int_0^{2\pi} \frac{d^k\varphi}{dx^k}(x) \overline{\frac{d^k\psi}{dx^k}}(x) dx$$

est un Hilbert, dont la norme induite est

$$\|\varphi\|_{H_p^m[0, 2\pi]} = \left( \sum_{k=0}^{m} \left\| \frac{d^k\varphi}{dx^k} \right\|_{L^2[0, 2\pi]}^2 \right)^{1/2}$$

**Théorème 4.15** *Soit $\varphi \in H_p^m[0, 2\pi]$, $m \geq 0$. Alors, la série de Fourier tronquée, $P_n(\varphi(x)) = \sum_{j=-n}^{n-1} c_j e^{ijx}$ est la meilleure approximation de $\varphi(x)$ au sens de la norme $L^2$. De plus $\exists C > 0$, telle que*

$$\|\varphi - P_n\varphi\|_{L^2[0, 2\pi]} \leq Cn^{-m} \|\varphi^{(m)}\|_{L^2[0, 2\pi]} \tag{4.77}$$

*Preuve.* voir [8]

**Polynômes de Legendre**

Similairement au système de Fourier, nous pouvons utiliser les polynômes de Legendre définis par la relation de récurrence

$$\begin{cases} L_0(x) = 1 \\ L_1(x) = x \\ (m+1)L_{m+1}(x) = (2m+1)L_m(x) - mL_{m-1}(x), \quad m = 1, 2, 3, ... \end{cases} \tag{4.78}$$

qui sont orthogonaux sur $[-1, 1]$, avec $w(x) = 1$. Soit

$$H^m[-1,1] = \left\{ \varphi \in L^2[-1,1] : \text{ pour } 0 \leq k \leq m, \frac{d^k\varphi}{dx^k} \in L^2[-1,1] \right\} \quad (4.79)$$

$H^m[-1,1]$ muni du produit scalaire

$$\langle \varphi, \psi \rangle_m = \sum_{k=0}^{m} \int_{-1}^{1} \frac{d^k\varphi}{dx^k}(x) \frac{d^k\psi}{dx^k}(x) dx$$

est un Hilbert, appelé *espace de Sobolev*. La norme associée est

$$\|\varphi\|_{H^m[-1,1]} = \left( \sum_{k=0}^{m} \left\| \frac{d^k\varphi}{dx^k} \right\|_{L^2[-1,1]}^2 \right)^{1/2}$$

**Théorème 4.16** *Soit $\varphi \in H^m[-1,1]$. Alors, la série de Legendre tronquée, $P_n(\varphi(x)) = \sum_{j=1}^{n} c_j L_j(x)$ est la meilleure approximation polynômiale de $\varphi(x)$ au sens de la norme $L^2$. De plus, $\exists C > 0$, telle que*

$$\|\varphi - P_n\varphi\|_{L^2[-1,1]} \leq Cn^{-m} \|\varphi\|_{H^m[-1,1]} \quad (4.80)$$

*Preuve.* voir [18, 8]

**Polynômes de Tchebychev**

Dans cette section, nous allons utiliser les polynômes de Tchebychev $T_n(x)$ de premier espèce, définis par la relation de récurrence

$$\begin{cases} T_0(x) = 1 \\ T_1(x) = x \\ T_{n+1}(x) = 2xT_n(x) - T_{n-1}(x), \quad n = 1, 2, 3, ... \end{cases} \quad (4.81)$$

qui sont orthogonaux sur $[-1, 1]$, avec $w(x) = (1 - x^2)^{-1/2}$. De même, soit

$$H_w^m[-1,1] = \left\{ \varphi \in L_w^2[-1,1] : \text{ pour } 0 \leq k \leq m, \frac{d^k\varphi}{dx^k} \in L_w^2[-1,1] \right\}$$

On rappel que la dérivée $\frac{d^k\varphi}{dx^k}$ est toujours prise au sens des distributions.
L'espace $H_w^m[-1,1]$ muni du produit scalaire

$$\langle \varphi, \psi \rangle_{m,w} = \sum_{k=0}^{m} \int_{-1}^{1} \frac{d^k\varphi}{dx^k}(x) \frac{d^k\psi}{dx^k}(x) \frac{dx}{\sqrt{1-x^2}}$$

est à son tour un Hilbert. La norme associée est donnée par

$$\|\varphi\|_{H_w^m[-1,1]} = \left( \sum_{k=0}^{m} \left\| \frac{d^k\varphi}{dx^k} \right\|_{L_w^2[-1,1]}^2 \right)^{1/2}$$

**Théorème 4.17** *Soient $\varphi \in H_w^m[-1,1]$ et $P_n(\varphi(x)) = \sum_{j=1}^{n} c_j T_j(x)$ la série tronquée de Tchebychev de $\varphi$. Alors, on a l'estimation*

$$\|\varphi - P_n\varphi\|_{L^2[-1,1]} \leq C n^{-m} \left( \sum_{k=\min(m,n+1)}^{m} \|\varphi^{(k)}\|_{L_w^2[-1,1]}^2 \right)^{1/2} \quad (4.82)$$

*Preuve.* voir [8, 35].

**Remarque 4.1** *Les trois théorèmes (4.15), (4.16) et (4.17) permettent de conclure que le taux de convergence de la série tronquée $P_n\varphi$ vers $\varphi$ est $n^{-m}$, c'est-à-dire qu'il dépend de la régularité de $\varphi$ et des polynômes orthogonaux ainsi choisis. D'autre part, sous les hypothèses du théorème (4.12), nous concluons que $\|\varphi - \varphi_n\|$ converge vers zero exactement de la même vitesse que $\|\varphi - P_n\varphi\|$.*

Autrement dit, le taux de convergence des approximations décrites ci-dessus est lié à la régularité (smoothness) de la fonction $\varphi$ mesurée par sa différentiabilité. Pour un rang d'approximation fixé $n$, plus que la fonction $\varphi$ est dérivable autant de fois, plus que la valeur de $m$ est grande, et plus l'erreur d'approximation est petite, ce genre de taux de convergence est appelé souvent dans la littérature sous le nom de la *convergence spectrale*.

Nous allons voir à l'aide des schémas ci-dessous, le comportement de la convergence des séries de Legendre et de Tchebychev des fonctions $|\cos(2\pi x)|^2$ et $|x|$ sur l'intervalle $[-1,1]$.

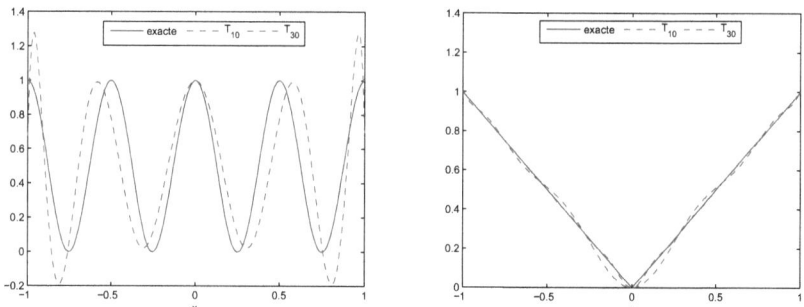

**Figure** 4.1 – Convergence des séries de Tchebychev des fonctions $|\cos(2\pi x)|^2$ et $|x|$.

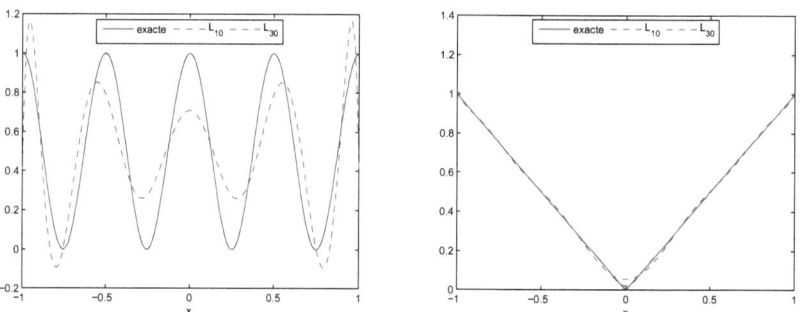

**Figure** 4.2 – Convergence des séries de Legendre des fonctions $|\cos(2\pi x)|^2$ et $|x|$.

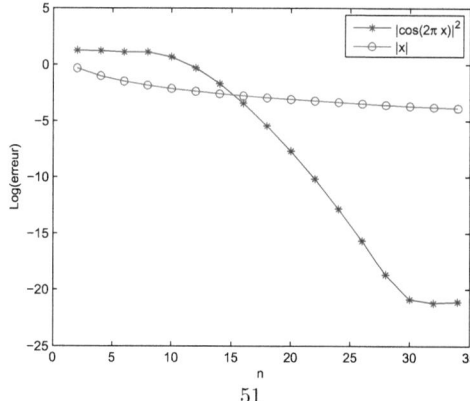

**Figure** 4.3 – Convergence spectrale : erreur de projection en norme $L^2$ entre $|\cos(2\pi x)|^2$, $|x|$ et leurs séries tronquées de Legendre à l'ordre $n$ en fonction de $n$.

Dans ces exemples, les deux fonctions ne sont pas de classe $\mathcal{C}^\infty$, mais leurs ordres de dérivation superieurs sont différents. À partir de la figure (4.3) on remarque que les vitesses de convergence des deux fonctions ne sont pas les mêmes, la vitesse de convergence de la fonction $|\cos(2\pi x)|^2$ est plus rapide que celle de $|x|$ du fait que cette dernière est moins régulière que la première. On remarque aussi pour la fonction $|\cos(2\pi x)|^2$, que l'erreur en norme $L^2$ décroît jusqu'à $n \approx 32$ où elle atteint le seuil de précision de la machine, par contre l'approximation de $|x|$ converge lentement et linéairement quand on augmente le degré de la série et il reste toujours une erreur visible à l'œil nu près de la singularité.

Aussi, nous allons vérifier numériquement (figure 4.4), que pour des fonctions analytiques, le taux de convergence décroît plus vite que n'importe quel ordre algébrique, précisément on peut montrer que

$$\|\varphi - P_n\varphi\|_{L^2_w} \sim Ce^{-\alpha n}\|\varphi\|_{L^2_w} \qquad (4.83)$$

où $C$ et $\alpha$ sont des constantes positives. Et par conséquent, la convergence spectrale deviennent une convergence exponnentielle.

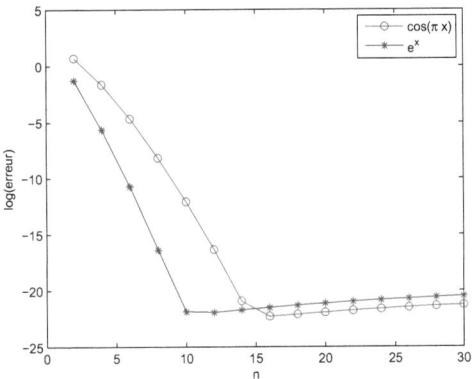

**Figure** 4.4 – Convergence exponentielle : erreur de projection en norme $L^2$ des fonctions $e^x$, $\cos(\pi x)$ approchées par leurs séries tronquées de Legendre à l'ordre $n$ en fonction de $n$.

# Chapitre 5

# Résolution des équations de second type

Notre objectif dans ce chapitre est de rendre accessible les idées que nous avons présenté dans le chapitre précédent. Nous allons réaliser d'une manière détaillée certaines méthodes numériques pour la résolution approchée des équations intégrales de second type. En particulier, nous allons présenter notre contribution dans le domaine de la résolution approchée pour ce genre d'équations, notamment la méthode de Simpson modifiée pour les équations de Volterra et la méthode d'interpolation de Newton pour les équations de Fredholm.

Puisque, la plupart des méthodes de résolution approchée des équations intégrales, peuvent être considérées comme des méthodes de projection, alors il est capital de présenter dans cette partie quelques unes.

## 5.1 Développement en série de Fourier généralisée

On rappelle qu'une méthode de développement en série de Fourier généralisée pour la résolution d'une équation de la forme

$$\varphi(x) - \int_a^b k(x,t)\varphi(t)dt = f(x), \quad a \leq x \leq b \tag{5.1}$$

est essentiellement une méthode de projection, dans laquelle la solution approchée $\varphi_n(x)$ s'écrit comme une combinaison linéaire de la forme $\sum_{j=1}^n c_j \psi_j(x)$ où les $\psi_j(x), j = 1, ..., n$

sont généralement des polynômes orthogonaux.

Un premier exemple classique, en utilisant les polynômes de Tchebychev $T_j(x)$ de premier type, El-gendi [19] a pensé au développement en série infinie de Tchebychev de la fonction $\varphi(x)$. Cette série est donnée par

$$\varphi(x) = \sum_{j=0}^{\infty}{}'c_j T_j(x), \qquad (5.2)$$

où

$$c_j = \frac{2}{\pi}\int_{-1}^{1}\frac{\varphi(x)T_j(x)}{\sqrt{1-x^2}}dx \qquad (5.3)$$

Le symbole $\sum'$ signifie simplement que le premier terme est divisé par deux. Pour évaluer numériquement les coefficients (5.3) on utilise la règle de quadrature de Gauss-Tchebychev, on obtient

$$c_j \simeq b_j^{(n)} = \frac{2}{n}\sum_{k=0}^{n}{}''\varphi\left(\cos\frac{k\pi}{n}\right)\cos\frac{jk\pi}{n}, \quad j=0,...,n \qquad (5.4)$$

Cette fois-ci, le symbole $\sum''$ signifie que le premier et le dernier terme sont divisés par deux. Si la série de Tchebychev (5.2) converge rapidement vers la somme tronquée en $(j=n)$, on obtient une bonne approximation des coefficients (5.3). Si de plus, on utilise la règle de quadrature de Clenshaw-Curtis [11]

$$\int_{-1}^{1}\varphi(x)dx = \sum_{k=0}^{n}{}''w_k\varphi\left(\cos\frac{k\pi}{n}\right), \qquad (5.5)$$

où

$$w_k = \frac{4}{n}\sum_{\substack{j=0 \\ j\text{ pair}}}^{n}\frac{1}{1-j^2}\cos\frac{jk\pi}{n}$$

Ainsi, on obtient une solution approchée pour l'équation (5.1) de la forme

$$\varphi_n(x) = \sum_{j=0}^{n}{}'b_j^{(n)}T_j(x), \qquad (5.6)$$

**Exemple 5.1** On considère l'équation suivante [1]

$$\varphi(x) + \frac{1}{\pi}\int_{-1}^{1} \frac{\varphi(t)}{1+(x-t)^2}dt = 1, \quad -1 \le x \le 1. \tag{5.7}$$

Pour $n=8$, El-gendi a obtenu les résultats suivants [2]

$b_0 = 1.415185, \quad b_2 = 0.049385, \quad b_4 = -0.001048$

$b_6 = -0.000231, \quad b_8 = 0.0000195, \quad b_1 = b_3 = b_5 = b_7 = 0$

Ceci suggère que la solution est symétrique par rapport à l'axe des $x$, et on déduit aussi que les coefficients impairs $b_{2j+1} = 0$. Ainsi, on résout seulement $[n/2]$ équations à $[n/2]$ inconnus $b_{2j}$, et on obtient la solution $\varphi_n$ en $(n+1)$ points équidistants de l'intervalle $[-1,1]$. Par exemple, pour $n=10$, on résout seulement 5 équations à 5 inconnus $b_{2j}, j = 0, 1, 2, 3, 4$, et on trouve la solution en 11 points équidistants de $[-1,1]$, les résultats numériques sont portés dans le tableau suivant

| $x$ | 0 | $\pm 0.2$ | $\pm 0.4$ | $\pm 0.6$ | $\pm 0.8$ | $\pm 1$ |
|---|---|---|---|---|---|---|
| $\varphi_{n=10}(x)$ | 0.65740 | 0.66151 | 0.67390 | 0.69448 | 0.72248 | 0.75570 |

**Tableau** 5.1 – Méthode d'El Gendi. Eq (5.7)

D'une manière analogue, nous pouvons également utiliser la base des polynômes de Legendre $\{L_j(x)\}_{j=0}^{n}$, définis par (4.78), qui sont orthogonaux sur $[-1,1]$. Ainsi, notre but est de chercher une solution approchée de la forme

$$\varphi_n(x) = \sum_{j=0}^{n} c_j L_j(x), \quad -1 \le x \le 1 \tag{5.8}$$

Pour déterminer les coefficients $(c_j)$, nous allons utiliser la méthode de collocation (voir

---

1. C'est un cas spécial de l'équation

$$\varphi(x) + \frac{d}{\pi}\int_{-1}^{1} \frac{\varphi(t)}{d^2+(x-t)^2}dt = 1, \quad -1 \le x \le 1.$$

issue du domaine d'électrostatique, précisément le problème de détermination de la capacité d'un condensateur à plaques circulaires. Ce problème a été étudié pour la première fois en 1949 par Love [29], où il a montré, par des méthodes analytiques, qu'elle admet une solution unique, réelle et continue.

2. Pour voir le corps du programme en Fortran et les résultats numériques avec d'autres valeurs de $n$ ($n=5$ et $n=10$), consultez : NAG Fortran Library Routine Document /code : D05ABF

4.3.1) et nous pouvons prendre comme points de collocation, les points

$$x_j = -1 + \frac{2j}{n}, \quad j = 0, ..., n$$

de sorte que la partie résiduelle $r(x)$ soit nul aux points $x_j$, $\quad j = 0, ..., n$. Ce qui conduit à résoudre le système d'équations linéaires $\Psi_n X = f_n$ tel que

$$\begin{aligned}\Psi_n &= [L_i(x_j) - \int_{-1}^{1} k(x_j, t) L_i(t) dt]_{j=0}^{n}, \quad i = 0, ..., n \\ f_n &= [f(x_j)], \quad j = 0, ..., n \\ X^t &= [c_i]_{i=0}^{n}\end{aligned}$$

Pour évaluer numériquement les intégrales

$$\int_{-1}^{1} k(x_j, t) L_i(t) dt, \quad i = 0, ..., n \qquad (5.9)$$

on utilise par exemple la méthode de quadrature de Gauss, pour plus de détails, voir John H. Mathews [34].

**Remarque 5.1** *Puisque quelques polynômes orthogonaux classiques tels que les polynômes de Tchebychev et de Legendre vérifient la condition d'orthogonalité sur l'intervalle* $[-1, 1]$, *on peut toujours se ramener d'un intervalle quelconque* $[a, b]$ *à l'intervalle* $[-1, 1]$, *en utilisant le changement de variable affine suivant :*

$$u = \frac{a+b}{2} + t.\frac{b-a}{2}, \quad -1 \leq t \leq 1.$$

Autres que les polynômes orthogonaux, A. GOLBABAI et al. [21], dans un travail récent ont présenté une méthode de résolution numérique des équations intégrales de second type en utilisant les fonctions de base radiales (RBFs), qui sont définies par :

$$\psi_j : \mathbb{R}^d \to \mathbb{R}, \quad \psi_j(x) = \psi(\|x - c_j\|) \qquad (5.10)$$

où $x$ et $c_j$ sont des vecteurs de $\mathbb{R}^d$, dans notre cas $d = 1$. La fonction $\psi$ dépend de la distance radiale entre $x$ et le centre $c_j$ de la RBF. $\|.\|$ désigne la norme Euclidienne.

Maintenant, la fonction approchée s'ecrit comme combinaison linéaire des RBFs :

$$\varphi(x) \approx \varphi_n(x) = \sum_{j=1}^{n} \lambda_j \psi_j(x) \tag{5.11}$$

où $n$ est le nombre de RBFs et les $\lambda_j$ sont des coefficients à déterminer.
Les RBFs les plus importantes et les plus utilisées généralement sont :

*Distance radiale* : $\psi(r) = r$,
*Cubique* : $\psi(r) = r^3$,
*Spline de plat mince* : $\psi(r) = r^2 \ln r$,
*Spline à support compact* : $\psi(r) = (1-r)^4_+ (1+4r)$,
*Gaussienne* : $\psi(r) = e^{-\frac{r^2}{2a_j^2}}$,
*Multiquadrique* : $\psi(r) = (r^2 + a_j^2)^{\frac{\alpha}{2}}$
*Multiquadrique inverse* : $\psi(r) = (r^2 + a_j^2)^{-\frac{1}{2}}$,

où $r = \|x - c_j\|$, $\alpha > 0$ et $\alpha \notin 2\mathbb{N}$. Le paramètre $a_j$ est appelé la *largeur* de la BFR.
Si on utilise par exemple les fonctions multiquadrique (MQ), la formule (5.11) se réduit à

$$\varphi_n(x) = \sum_{j=1}^{n} \lambda_j \left( \|x - c_j\|^2 + a_j^2 \right)^{\frac{\alpha}{2}} \tag{5.12}$$

Pour obtenir une solution approchée de l'équation intégrale (5.1), nous pouvons utiliser la méthode de collocation, ce qui nécessite une discrétisation de l'intervalle $[a, b]$. Soit $\{x_1, ..., x_{m_p}\}$ l'ensemble des points de collocation. Donc, nous avons le système d'équations suivant :

$$((I - A)\varphi - f)(x_j) = 0, \quad j = 1, ..., m_p \tag{5.13}$$

Si $\varphi_n(x)$ est une solution approchée de la forme (5.11) avec des paramètres d'ajustement (poids, centres, largeurs), alors le problème (5.13) se transforme en un problème de minimisation de la somme d'erreurs au carré (fonction du coût) suivant :

$$\min \sum_{j=1}^{m_p} \{((I - A)\varphi_n - f)(x_j)\}^2 \tag{5.14}$$

Il existe plusieurs techniques d'optimisation pour résoudre ce problème, telles que la méthode du gradient, de descente ou d'autres. Dans notre cas on utilise la méthode dite

BFGS quasi-Newton, et pour la simplicité, on considère

$$a_1 = \text{constante}, \quad a_k = \frac{\beta}{k-1}\sum_{j=1}^{k} c_j, \quad k = 2, ..., n$$

où $\beta$ est un réel fixé et $\beta \simeq 1$, et les centres $c_j$ sont choisis aléatoirement parmi les points du domaine du problème.

**Exemple 5.2** On considère l'équation de Volterra

$$\varphi(x) + \int_0^x xt\varphi(t)dt = \frac{(2-x)e^{-x^2} + x}{2}, \quad 0 \leq x \leq 1 \quad (5.15)$$

telle que la solution exacte est $\varphi(x) = e^{-x^2}$. Avec 8 MQ ($\alpha = 1$) sur 17 points donnés, et $\beta = 8/7$, Golbabai a obtenu les résultats présentés dans tableau (5.2)

**Exemple 5.3** On considère l'équation de Fredholm

$$\varphi(x) + \frac{1}{3}\int_0^1 e^{2x - \frac{5t}{3}}\varphi(t)dt = e^{2x + \frac{1}{3}}, \quad 0 \leq x \leq 1 \quad (5.16)$$

telle que la solution exacte est $\varphi(x) = e^{2x}$. Avec 8 Gaussiennes sur 26 points données, et avec le même $\beta$, Golbabai a obtenu les résultats présentés dans le tableau suivant

| $x$ | Exemple 5.2 | Exemple 5.3 |
|---|---|---|
| 0.0 | 6.63344E-7 | 5.40631E-7 |
| 0.1 | 4.55966E-7 | 4.17207E-7 |
| 0.2 | 1.02901E-6 | 1.62255E-7 |
| 0.3 | 9.57762E-7 | 9.97279E-8 |
| 0.4 | 1.73393E-7 | 5.33277E-7 |
| 0.5 | 1.76781E-6 | 5.12821E-7 |
| 0.6 | 3.07131E-8 | 8.86581E-8 |
| 0.7 | 1.79362E-6 | 3.82386E-7 |
| 0.8 | 2.63545E-7 | 6.76977E-7 |
| 0.9 | 5.64856E-7 | 3.36868E-7 |
| 1.0 | 1.37644E-6 | 5.00635E-7 |

**Tableau** 5.2 – Méthode des RBFs, erreur absolue. Eq (5.15) et (5.16)

## 5.2 Méthode de Simpson modifiée

Dans cette partie nous allons introduire la méthode de Simpson modifiée pour la résolution numérique des équations intégrales de Volterra de second type à noyau régulier, l'idée principale est basée sur l'adaptation de la règle de quadrature de Simpson. Ainsi pour tester l'efficacité de cette méthode, nous allons traiter quelques exemples numériques.
On considère l'équation

$$\varphi(x) - \int_a^x k(x,t)\varphi(t)dt = f(x), \quad a \leq x \leq b \tag{5.17}$$

Notre objectif est d'approcher la solution de cette équation sur un ensemble de points de $[a,b]$ en utilisant la règle de quadrature de Simpson. Alors, d'après le théorème (4.5) concernant l'estimation de l'erreur sur un sous-intervalle $[\tau, \tau + 2h]$ on a

$$\begin{aligned}\int_\tau^{\tau+2h} k_x(t)\varphi(t)dt &= \frac{h}{3}[k_x(\tau)\varphi(\tau) + 4k_x(\tau+h)\varphi(\tau+h) \\ &+ k_x(\tau+2h)\varphi(\tau+2h)] - \frac{h^5}{90}(k_x(\xi)\varphi(\xi))^{(4)}\end{aligned}$$

Ceci est important, dans le sens où l'erreur d'intégration $E(h)$ sur deux segments par la règle de Simpson est proportionnelle à $h^5$. En outre, on note que, si le segment $h$ est réduit de moitié, alors $E(h/2) \approx \frac{1}{16}E(h)$.

Soit $a = x_0 < x_1 < ... < x_{2j-1} < x_{2j} < ... < x_{2n}$ une subdivision de l'intervalle $[a, b]$. En exigeant que l'équation (5.17) soit vérifiée sur chaque nœud $x_{2j}$, et on écrit

$$\varphi(x_{2j}) - \int_a^{x_{2j}} k(x_{2j},t)\varphi(t)dt = f(x_{2j}) \tag{5.18}$$

Ce qui s'écrit aussi

$$\varphi(x_{2j}) - \sum_{i=0}^{j-1} \int_{x_{2i}}^{x_{2i+2}} k(x_{2j},t)\varphi(t)dt = f(x_{2j}) \tag{5.19}$$

Dans la suite, pour la simplicité on utilise les notations $\varphi_{2j}, f_{2j}, k_{2j,2i}$ au lieu de $\varphi(x_{2j}), f(x_{2j})$, $k(x_{2j}, t_{2i})$, En utilisant la règle de quadrature de Simpson, l'équation (5.19) devient

$$\varphi_{2j} = f_{2j} + \sum_{i=0}^{j-1} \frac{h}{3}(k_{2j,2i}\varphi_{2i} + 4k_{2j,2i+1}\varphi_{2i+1} + k_{2j,2i+2}\varphi_{2i+2}) \tag{5.20}$$

Pour $h$ suffisamment petit, une approximation de $\varphi_{2j}$ devient possible, en approchant la solution $\varphi_{2i+1}$ au nœud $x_{2i+1}$ par la moyenne $\frac{\varphi_{2i}+\varphi_{2i+2}}{2}$, donc on a

$$\begin{aligned}
\varphi_{2j} &= f_{2j} + \sum_{i=0}^{j-1} \frac{h}{3} \left\{ k_{2j,2i}\varphi_{2i} + 4k_{2j,2i+1}\frac{\varphi_{2i}+\varphi_{2i+2}}{2} + k_{2j,2i+2}\varphi_{2i+2} \right\} \\
&= f_{2j} + \sum_{i=0}^{j-1} \frac{h}{3} \left\{ (k_{2j,2i} + 2k_{2j,2i+1})\varphi_{2i} + (2k_{2j,2i+1} + k_{2j,2i+2})\varphi_{2i+2} \right\} \\
&= f_{2j} + \sum_{i=0}^{j-1} \frac{h}{3} (k_{2j,2i} + 2k_{2j,2i+1})\varphi_{2i} + \sum_{i=0}^{j-1} \frac{h}{3} (2k_{2j,2i+1} + k_{2j,2i+2})\varphi_{2i+2} \\
&= f_{2j} + \sum_{i=0}^{j-1} \frac{h}{3} (k_{2j,2i} + 2k_{2j,2i+1})\varphi_{2i} + \sum_{i=1}^{j} \frac{h}{3} (2k_{2j,2i-1} + k_{2j,2i})\varphi_{2i}
\end{aligned}$$

Ainsi, on écrit

$$\varphi_{2j} = f_{2j} + \frac{h}{3}(k_{2j,0} + 2k_{2j,1})\varphi_0 \; + \; \frac{h}{3}(2k_{2j,2j-1} + k_{2j,2j})\varphi_{2j} +$$
$$\frac{2h}{3}\sum_{i=1}^{j-1}(k_{2j,2i-1} + k_{2j,2i} + k_{2j,2i+1})\varphi_{2i}$$

D'où, pour $j = 1, ..., n$

$$\varphi_{2j}\left\{1 - \frac{h}{3}(2k_{2j,2j-1} + k_{2j,2j})\right\} = f_{2j} + \frac{h}{3}(k_{2j,0} + 2k_{2j,1})\varphi_0 +$$
$$\frac{2h}{3}\sum_{i=1}^{j-1}(k_{2j,2i-1} + k_{2j,2i} + k_{2j,2i+1})\varphi_{2i} \quad (5.21)$$

A partir de l'équation (5.17), il est clair que $\varphi(x_0) = f(x_0)$, ie, $\varphi_0 = f_0$.

**Exemple 5.4** On considère l'équation de Volterra

$$\varphi(x) - \int_{-1}^{x} e^{x-t}\varphi(t)dt = 2 - e^{x+1}, \quad -1 \leq x \leq 1 \quad (5.22)$$

telle que la solution exacte est $\varphi(x) = 1$. Les résultats numériques sont présentés dans le tableau suivant

| $t$ | $h = 0.1$ | $h = 0.05$ | $h = 0.025$ |
|---|---|---|---|
| -1.0 | 0 | 0 | 0 |
| -0.8 | 1.37577E -07 | 8.55288E -09 | 5.32963E -10 |
| -0.6 | 3.43374E -07 | 2.13204E -08 | 1.32786E -09 |
| -0.4 | 6.51221E -07 | 4.03833E -08 | 2.52112E -09 |
| -0.2 | 1.11172E -06 | 6.88414E -08 | 4.29281E -09 |
| 0.0 | 1.80057E -06 | 1.11320E -07 | 6.93944E -09 |
| 0.2 | 2.83099E -06 | 1.74730E -07 | 1.08812E -08 |
| 0.4 | 4.37238E -06 | 2.69410E -07 | 1.67856E -08 |
| 0.6 | 6.67807E -06 | 4.10718E -07 | 2.55695E -08 |
| 0.8 | 1.01271E -05 | 6.21688E -07 | 3.86717E -08 |
| 1.0 | 1.52864E -05 | 9.36628E -07 | 5.82840E -08 |

**Tableau** 5.3 – Méthode de Simpson modifiée, erreur absolue. Eq (5.22)

**Exemple 5.5** On considère l'équation

$$\varphi(x) - \int_0^x e^{-(x-t)}\varphi(t)dt = 1, \quad 0 \leq x \leq 1 \quad (5.23)$$

telle que la solution exacte est $\varphi(x) = 1 + x$. Les résultats numériques sont présentés dans le tableau ci-dessous

| $t$ | $h = 0.1$ | $h = 0.05$ | $h = 0.025$ |
|---|---|---|---|
| 0.0 | 0 | 0 | 0 |
| 0.2 | 5.66099E -07 | 3.54109E -08 | 2.21257E -09 |
| 0.4 | 1.15495E -06 | 7.22079E -08 | 4.51245E -09 |
| 0.6 | 1.76488E -06 | 1.10389E -07 | 6.90124E -09 |
| 0.8 | 2.39757E -06 | 1.49965E -07 | 9.37416E -09 |
| 1.0 | 3.05245E -06 | 1.90928E -07 | 1.19362E -08 |

**Tableau** 5.4 – Méthode de Simpson modifiée, erreur absolue. Eq (5.23)

**Exemple 5.6** On considère l'équation

$$\varphi(x) + \int_0^x (x-t)\varphi(t)dt = 1, \quad 0 \leq x \leq 1. \quad (5.24)$$

telle que la solution exacte est $\varphi(x) = \cos(x)$. Les résultats numériques sont présentés dans le tableau suivant

| $t$ | $h = 0.1$ | $h = 0.05$ | $h = 0.025$ |
|-----|-----------|------------|-------------|
| 0.0 | 0 | 0 | 0 |
| 0.2 | 6.58725E -05 | 1.65337E -05 | 4.13757E -06 |
| 0.4 | 2.58246E -04 | 6.48173E -05 | 1.62204E -05 |
| 0.6 | 5.61704E -04 | 1.40976E -04 | 3.52786E -05 |
| 0.8 | 9.51576E -04 | 2.38811E -04 | 5.97604E -05 |
| 1.0 | 1.39542E -03 | 3.50172E -04 | 8.76256E -05 |

**Tableau** 5.5 – Méthode de Simpson modifiée, erreur absolue. Eq (5.24)

**Exemple 5.7** On considère l'équation

$$\varphi(x) + \int_0^x xt\varphi(t)dt = \frac{(2-x)e^{-x^2} + x}{2}, \quad 0 \leq x \leq 1. \tag{5.25}$$

telle que la solution exacte est $\varphi(x) = e^{-x^2}$. Les résultats numériques sont présentés dans le tableau suivant

| $t$ | $h = 0.1$ | $h = 0.05$ | $h = 0.025$ |
|-----|-----------|------------|-------------|
| 0.0 | 0 | 0 | 0 |
| 0.2 | 2.55494E -05 | 6.29520E -06 | 1.56817E -06 |
| 0.4 | 1.67386E -04 | 4.12408E -05 | 1.02727E -05 |
| 0.6 | 5.88530E -04 | 9.54955E -05 | 2.37720E -05 |
| 0.8 | 4.78892E -04 | 1.16643E -04 | 2.89688E -05 |
| 1.0 | 2.09918E -04 | 4.79273E -05 | 1.16985E -05 |

**Tableau** 5.6 – Méthode de Simpson modifiée, erreur absolue. Eq (5.25)

En tenant compte de l'analyse de l'erreur faite dans le chapitre 4 pour ce type de méthodes, précisément, la formule d'estimation de l'erreur (4.50), et dans l'objectif de tester l'efficacité et la consistance de la méthode proposée, avec ces quatre exemples, nous avons choisi différentes formes de la fonction noyau. Cependant, le comportement de la solution est parfois linéaire, oscillatoire, et exponentielle. Les résultats numériques obtenus dans les différents tableaux, montrent que l'erreur numérique décroît à chaque fois le pas de la discrétisation est divisé par deux. Pour cette raison, il est préféré de répéter cet algorithme avec des pas très petits autant possible pour améliorer la solution numérique.

## 5.3 Méthode d'interpolation de Newton

Dans cette partie, on considère l'équation intégrale de Fredholm de second type

$$\varphi(x) - \int_a^b k(x,t)\varphi(t)dt = f(x), \quad a \leq x \leq b \qquad (5.26)$$

Notre but est de chercher la solution approchée de cette équation, en approximant la fonction inconnue $\varphi(x)$ par le polynôme d'interpolation de Newton en utilisant les différences divisées. Précisément, par la donnée des points $(x_i, \varphi_i)$, où $x_i$ sont équirépartis dans $[a,b]$ et $\varphi_i = \varphi(x_i), i = 0,...,n$, nous allons construire le polynôme d'interpolation de degré $n$ qui passe par ces points. On note $\Delta$ l'opérateur des différences vers l'avant divisées définies par

$$\begin{aligned}
\Delta^0 \varphi_0 &= \varphi_0, \\
\Delta^1 \varphi_0 &= \Delta \varphi_0 = \varphi_1 - \varphi_0, \\
\Delta^2 \varphi_0 &= \Delta\Delta\varphi_0 = \Delta(\varphi_1 - \varphi_0) = \Delta\varphi_1 - \Delta\varphi_0 = \varphi_2 - 2\varphi_1 + \varphi_0, \\
\Delta^3 \varphi_0 &= \Delta\Delta^2 \varphi_0 = \Delta(\varphi_2 - 2\varphi_1 + \varphi_0) = \varphi_3 - 3\varphi_2 + 3\varphi_1 - \varphi_0, \\
&\vdots \\
\Delta^n \varphi_0 &= \Delta\Delta^{n-1}\varphi_0 = \ldots
\end{aligned}$$

Avec une écriture matricielle, nous avons

$$\Delta\Phi_0 = M\Phi \qquad (5.27)$$

où $\Delta\Phi_0 = (\Delta^0\varphi_0, \Delta^1\varphi_0, ..., \Delta^n\varphi_0)^t$, $\Phi = (\varphi_0, \varphi_1, ..., \varphi_n)^t$ et

$$M = \begin{pmatrix} 1 & 0 & 0 & 0 & \vdots \\ -1 & 1 & 0 & 0 & \vdots \\ 1 & -2 & 1 & 0 & \vdots \\ -1 & 3 & -3 & 1 & \vdots \\ \ldots & \ldots & \ldots & \ldots & \vdots \end{pmatrix} \qquad (5.28)$$

est une matrice triangulaire inférieure, telle que, pour $0 \leq i, j \leq n$ on a : $m_{i0} = (-1)^i$, $m_{ii} = 1$, $m_{ij} = m_{i-1,j-1} - m_{i-1,j}$ pour tout $i > j$, $m_{ij} = 0$ ailleurs.

D'autre part, le polynôme de Newton est de la forme

$$P_n(x) = \varphi_0 + \frac{\Delta\varphi_0}{h}(x-x_0) + \frac{\Delta^2\varphi_0}{2!h^2}(x-x_0)(x-x_1) + ... \\ + \frac{\Delta^n\varphi_0}{n!h^n}(x-x_0)...(x-x_{n-1}) \quad (5.29)$$

En substituant $P_n(x)$ dans l'équation (5.26), on obtient l'équation approchée suivante

$$P_n(x) - \int_a^b k(x,t)P_n(t)dt = f(x), \quad a \leq x \leq b \quad (5.30)$$

Comme $P_n(x_j) = \varphi(x_j)$, pour tout $j = 0,...,n$, on obtient

$$\varphi_j = f_j + \varphi_0 \int_a^b k(x_j,t)dt + \frac{\Delta\varphi_0}{h}\int_a^b k(x_j,t)(t-x_0)dt + ... \\ + \frac{\Delta^n\varphi_0}{n!h^n}\int_a^b k(x_j,t)(t-x_0)(t-x_1)...(t-x_{n-1})dt \quad (5.31)$$

En posant,

$$c_{j\ell} = \int_a^b k(x_j,t)dt, \quad \text{si } \ell = 0 \quad (5.32)$$

$$c_{j\ell} = \frac{1}{\ell!h^\ell}\int_a^b k(x_j,t)(t-x_0)...(t-x_{\ell-1})dt, \quad \text{si } \ell = 1,...,n \quad (5.33)$$

pour $j = 0,...,n$. Le système (5.31) devient

$$\varphi_j = f_j + \sum_{\ell=0}^n c_{j\ell}\Delta^\ell\varphi_0 \quad (5.34)$$

D'une autre manière, nous avons

$$\Phi = F + C\Delta\Phi_0 \quad (5.35)$$

En utilisant la relation (5.27), on obtient finalement le système

$$(I - CM)\Phi = F \quad (5.36)$$

où I, est la matrice identité, $F = (f_0,...,f_n)^t$, $C = (c_{j\ell})$ et M la matrice (5.28), $\Phi$ est le vecteur des solutions à déterminer.

## Évaluation des coefficients $c_{j\ell}$

Pour évaluer numériquement les coefficient $c_{j\ell}$ de la matrice C, il suffit d'appliquer la méthode d'intégration de Simpson aux même noeuds $x_i$, abscisses des points d'interpolation. Alors,
Pour $\ell = 0$

$$c_{j0} = \frac{h}{3}[k(x_j, x_0) + 4k(x_j, x_1) + 2k(x_j, x_2) + \cdots + k(x_j, x_n)] \tag{5.37}$$

Pour $\ell$ impair, nous avons

$$c_{j\ell} = \frac{1}{\ell! h^\ell} \times \frac{h}{3}[4k(x_j, x_\ell)\ell(\ell-1)..1h^\ell + 2k(x_j, x_{\ell+1})(\ell+1)\ell..2h^\ell +$$

$$\cdots + k(x_j, x_n)n(n-1)..(n-\ell+1)h^\ell] \tag{5.38}$$

d'où

$$c_{j\ell} = \frac{h}{3}[4k(x_j, x_\ell) + 2k(x_j, x_{\ell+1})\frac{(\ell+1)}{1!} + 4k(x_j, x_{\ell+2})\frac{(\ell+2)(\ell+1)}{2!} +$$

$$\cdots + k(x_j, x_n)\frac{n(n-1)..(\ell+1)}{(n-\ell)!}] \tag{5.39}$$

ceci s'ecrit aussi

$$c_{j\ell} = \frac{h}{3}[4k(x_j, x_\ell)C_\ell^0 + 2k(x_j, x_{\ell+1})C_{\ell+1}^1 + 4k(x_j, x_{\ell+2})C_{\ell+2}^2 +$$

$$\cdots + k(x_j, x_n)C_n^{n-\ell}] \tag{5.40}$$

De la même manière, pout $\ell$ pair, on trouve

$$c_{j\ell} = \frac{h}{3}[2k(x_j, x_\ell)C_\ell^0 + 4k(x_j, x_{\ell+1})C_{\ell+1}^1 + 2k(x_j, x_{\ell+2})C_{\ell+2}^2 +$$

$$\cdots + k(x_j, x_n)C_n^{n-\ell}] \tag{5.41}$$

# Exemples numériques

**Exemple 5.8** On considère l'équation

$$\varphi(x) = e^x + e^{-x} - \int_0^1 e^{-x-t}\varphi(t)dt, \quad 0 \leq x \leq 1 \tag{5.42}$$

dont la solution exacte est $\varphi(t) = e^t$. Les résultats numériques pour $n = 4$ (i.e, 5 points équirépartis) sont donnée dans la tableau suivant

| $x$ | solution exacte | solution approchée |
|---|---|---|
| 0 | 1.00000000000000 | 1.00000000000000 |
| 0.25 | 1.28402541668774 | 1.28402541668774 |
| 0.50 | 1.64872127070013 | 1.64872127070013 |
| 0.75 | 2.11700001661267 | 2.11700001661267 |
| 1 | 2.71828182845905 | 2.71828182845905 |

**Tableau** 5.7 – Méthode d'interpolation de Newton. Eq (5.42)

**Exemple 5.9** Ici, on considère l'équation

$$\varphi(x) = \sqrt{x} - \int_0^1 \sqrt{xt}\varphi(t)dt, \quad 0 \leq x \leq 1, \tag{5.43}$$

dont la solution exacte $\varphi(x) = 2\sqrt{x}/3$. Avec 5 points ($n = 4$). Les résultats numériques obtenus sont présentés dans le tableau suivant

| $x$ | solution exacte | solution approchée |
|---|---|---|
| 0 | 0 | 0 |
| 0.25 | 0.33333333333333 | 0.33333333333333 |
| 0.50 | 0.47140452079103 | 0.47140452079103 |
| 0.75 | 0.57735026918963 | 0.57735026918963 |
| 1 | 0.66666666666667 | 0.66666666666667 |

**Tableau** 5.8 – Méthode d'intepolation de Newton. Eq (5.43)

## Etude comparative et discussion

Dans l'objectif de tester l'efficacité de la présente méthode, nous allons effectuer une étude comparative avec certaines méthodes numériques connues dans le domaine de la résolution approchée des équations intégrales.

Comaprativement aux résultats obtenus par la méthode des RBFs (exemple 5.3), la méthode d'interpolation de Newton pour $n = 20$ a fourni les résultats suivants :

| $x$ | Méthode RBFs [21] | Présente méthode |
|---|---|---|
| 0.0 | 5.40631E-7 | 1.43752E-10 |
| 0.1 | 4.17207E-7 | 1.65624E-10 |
| 0.2 | 1.62255E-7 | 1.71619E-10 |
| 0.3 | 9.97279E-8 | 2.36342E-10 |
| 0.4 | 5.33277E-7 | 3.02101E-10 |
| 0.5 | 5.12821E-7 | 3.41885E-10 |
| 0.6 | 8.86581E-8 | 3.94670E-10 |
| 0.7 | 3.82386E-7 | 4.07800E-10 |
| 0.8 | 6.76977E-7 | 7.07742E-10 |
| 0.9 | 3.36868E-7 | 5.44669E-10 |
| 1.0 | 5.00635E-7 | 1.00118E-09 |

**Tableau** 5.9 – Comparaison des résultats, erreur absolue. Eq(5.16)

Pour établir une comparaison avec la méthode d'El Gendi, nous avons considéré l'équation (5.7). Ainsi, avec $n = 10$ nous avons obtenus les résultats suivants :

| $x$ | 0 | ±0.2 | ±0.4 | ±0.6 | ±0.8 | ±1 |
|---|---|---|---|---|---|---|
| Présente méthode | 0.65741 | 0.66152 | 0.67388 | 0.69447 | 0.72248 | 0.75572 |
| Méthode d'El Gendi | 0.65740 | 0.66151 | 0.67390 | 0.69448 | 0.72248 | 0.75570 |

**Tableau** 5.10 – Comparaison des résultats. Eq (5.7)

D'autre part, en utilisant la méthode des trapèzes pour différents pas $h$, toujours avec la même équation (5.7), C. T. H. Baker (1978, voir [27], p 110) a obtenu les résultats suivants :

À travers ces exemples numériques et cette étude comparative nous avons testé l'efficacité de la méthode proposée. Comme le montrent les résultats ainsi obtenus dans les tableaux (5.7) et (5.8), nous remarquons, que pour des petites valeurs de $n$, l'erreur est

| $h$ | 0 | ±0.2 | ±0.4 | ±0.6 | ±0.8 | ±1 |
|---|---|---|---|---|---|---|
| 1/10 | 0.65787 | 0.66197 | 0.67432 | 0.69481 | 0.72249 | 0.75572 |
| 1/20 | 0.65752 | 0.66163 | 0.67340 | 0.69546 | 0.72252 | 0.75567 |
| 1/80 | 0.65742 | 0.66152 | 0.67389 | 0.69449 | 0.72249 | 0.75572 |

**Tableau** 5.11 – Méthodes des trapèzes. Eq (5.7)

très satisfaisante. D'ailleurs, comme perspective, cela nous donne la réflexion d'améliorer cette méthode en utilisant des approximations par morceaux à l'aide des polynômes d'interpolation de Newton linéaires, quadratiques ou cubiques. D'autre part, la formulation matricielle de l'algorithme de la méthode a simplifiée sa mise en œuvre et sa programmation par un simple language tel que le matlab/octave sur n'importe quel ordinateur. Notons aussi que cette méthode peut être appliquée à la résolution d'autres types d'équations intégrales.

# Quelques remarques et perspectives

Le travail offert au lecteur dans le présent ouvrage a pour but de traiter l'aspect numérique des équations intégrales dans un cadre fonctionnel. Ainsi, nous avons donné les principaux méthodes d'approximation numérique que l'on peut partager en trois types :

⋄ Méthodes du noyau dégénéré
⋄ Méthodes de quadrature
⋄ Méthodes de projection

Les méthodes du noyau dégénéré sont les plus simples à réaliser et analyser. Généralement, comme nous l'avons vu dans le chapitre 4, leur principe est basé sur l'approximation de la fonction noyau, notons aussi pour ce choix, plusieurs techniques d'approximations peuvent être utilisées, de plus, si on travaille dans l'espace $C(G)$ muni de la norme uniforme, alors sous certaines conditions de régularité du noyau, on obtient une convergence uniforme de l'opérateur intégral $A_n$ vers $A$, c'est à dire

$$\|A_n - A\| = \max_{x \in G} \int_G |k_n(x,t) - k(x,t)| dt \to 0,$$

Et par conséquent, la vitesse de convergence, ne dépend pas de la différentiabilité de l'inconnue $\varphi$ (ce qui n'est pas le cas pour les méthodes de quadrature et celles de projection). D'ailleurs, d'après le corollaire (3.1) si $\|A_n - A\|$ converge rapidement vers zéro, alors il en est de même pour $\|\varphi_n - \varphi\|$.

Avec un eventuel choix d'une règle de quadrature convergente appliquée sur un système de noeuds (points de quadrature), le principe des méthodes de quadrature consiste à approcher l'opérateur intégral $A\varphi$ dans l'équation intégrale par une somme finie, et de chercher la solution approchée en un nombre fini de points (points de Nyström) ce qui conduit systématiquement à la résolution d'un système d'équations algébriques de dimension finie. Notons ici, qu'il est clair que la solution approchée dépend de l'ordre de la règle de quadrature choisie d'une part, et d'autre part, de la régularité du noyau et celle de la solution cherchée, la question primordiale qui s'impose alors : Cette solution dépend t-elle aussi du choix des points de quadrature et des points de Nyström ? L'expérience à travers les divers travaux effectués dans ce sujet a prouvée que les différents choix de la discrétisation du domaine d'intégration et du choix des points de Nyström produisent différentes solutions. Mais nous n'avons vu aucun travail qui optimise le choix des points de Nyström qui donne la meilleure solution. Bien qu'il n'est pas nécessaire de prendre les points de Nyström, les mêmes points de quadrature.

Concernant les méthodes de projection (Collocation, Galerkin,...) comme nous l'avons vu, elles sont essentiellement des méthodes hilbertiennes, leur stratégie est basée sur la projection de notre équation dans un sous espace fonctionnel de dimension finie, dans lequel on cherche à approcher la solution exacte par une combinaison linéaire des éléments de la base de cet sous espace et de minimiser l'erreur résiduelle. Cependant, une question de mise en œuvre de la discrétisation peut être posée, notamment sur le choix de la base et des points de collocation qui peut garantir le bon conditionnement du système algébrique à résoudre tout en raffinant la discrétisation bien sûr !

Enfin, en concluant que les conditions spontanées de régularité de la fonction noyau, et le comportement de la solution exacte pour chaque équation intégrale, pose un défi pour le calcul numérique à haute résolution. Cependant dans l'objectif d'améliorer la précision des solutions approchées, notre intuition est d'exhiber des méthodes d'ordre élevé, notamment les méthodes spectrales. Par conséquent, il est indispensable de maîtriser les différentes techniques d'approximation récentes, d'interpolation, d'intégration ou de développement en série d'une part, d'autre part, de posséder les clefs qui mettent en œuvre ces méthodes sous forme d'algorithmes rapides et efficaces, de maîtriser les différents langages de programmation évolue.

# Bibliographie

[1] ANSELONE, P.M. *Collectively Compact Operator Approximation, Theory and Applications to Integral Equations.* Prentice-Hall, Englewood Cliffs 1971.

[2] ATKINSON, K.E. *A survey of Numerical Methods for the Solution of Fredholm Integral Equations of the Second Kind.* SIAM, Philadelphia 1976.

[3] ATKINSON, K.E. *The Numerical Solution of Integral Equations of the Second Kind.* Cambridge University Press, Cambridge 1997.

[4] ATKINSON, K.E AND WEIMIN, H. *Theoretical Numerical Analysis, A Functional Analysis Framework.* Springer-Verlag, New York 2001.

[5] BÔCHER, M. *An Introduction to the Study of Integral Equations.* Cambridge Tracts in Mathematical Physics, No. 10, Cambridge University Press 1909.

[6] BOWNDS, J.M AND WOOD, B. *A note on Solving Volterra Integral Equations with Convolution Kernels.* Appl. Math. Comput, **3**, 307-315 (1977).

[7] BREZIS, H. *Analyse fonctionnelle.* Masson, Paris 1983.

[8] CANUTO, C., QUATERONI, A., HUSSAINI, M. Y., ZANG. T. A *Spectral Methods.* Springer, Berlin 2006.

[9] CHAFIK ALLOUCH, PAUL SABLONNIÈRE, DRISS SBIBIH *Solving Fredholm integral equations by approximating kernels by spline quasi-interpolants.* Numer. Algor, 437-453 (2010).

[10] CHAFIK ALLOUCH, PAUL SABLONNIÈRE, DRISS SBIBIH, M. TAHRICHI *Product integration method based on discrete spline quasi-interpolants and application to weakly singular integral equations.* JCAM, 2855-2866 (2010).

[11] CLENSHAW, C.W AND CURTIS, A.R. *A method for numerical integration on an automatic computer.* Numer. Math, **2**, 197-205 (1960)

[12] COLLATZ, L. *The Numerical Treatment of Differential Equations.* Springer-Verlag, Berlin, 3rd ed 1966.

[13] CORDUNEAUNU, C. *Integral Equations and Applications*. Cambridge University Press, Cambridge 1991.

[14] DE BOOR, C. *A Practical Guide to Splines*. Springer-Verlag, New York 1978.

[15] DE HOOG, F AND WEISS, R. *Asymptotic expansions for product integration*. Math. Comp. **27**, 295-306 (1973)

[16] DELVES, L.M AND WALSH, J. *Numerical Solution of integral Equations*. Clarendon Press, Oxford 1974.

[17] DELVES, L.M AND MOHAMED, J.L *Computational Methods for Integral Equations*. Cambridge University Press, 1st ed 1985.

[18] DONGBIN, X. *Numerical Methods for Stochastic Computations - A spectral Numerical Approach*. Priceton University Press, Princeton 2010.

[19] EL-GENDI, S.E.*Chebychev solution of differential, integral and integro-differential equations*. Comput. J, **6**, 282-287 (1969)

[20] FUNARO, D. *Polynomial Approximation of Differential Equations*. Springer-Verlag, New York 1992.

[21] GOLBABAI, A AND SEIFOLLAHI, S. *Numerical solution of the second kind integral equations using radial basis function networks*. Applied Mathematics and Computation, **174**, 877-883 (2006).

[22] GRAHAM, I. *Singularity expansions for the solution of second kind Fredholm integral equations with weakly singular convolution kernels*. J. Integral Equations, **4**, 1-30 (1982)

[23] HOCHSTADT, H. *Integral Equations*. John Wiley and Sons, New York 1989.

[24] KANWAL, R.P. *Linear Integral Equations, Theory and Technique*. Academic Press, New York 1971.

[25] KONDO, J.*Integral Equations*. Kodansha, Tokyo, and Clarendon Press, Oxford 1991

[26] KRESS, R. *Linear Integral Equations*. Springer-Verlag, New York, 2d ed 1999.

[27] KYTHE, P.K AND PURI, P. *Computational Methods for Linear Integral Equations*. Birkhäuser, Boston 2002.

[28] LINZ, P. *Analytical and Numerical Methods for Volterra Equations*. SIAM, Philadelphia 1985.

[29] LOVE, E.R. *The electrostatic Field of Two Equal Circular Conducting Disks*. Quarterly Journal of Mechanics and Applied Mathematics, **2**, 428-451 (1949).

[30] LOVITT, W.V. *Linear Integral Equations*. Dover, New York 1950.

[31] MALEKNEJAD, K AND AGHAZADEH, N. *Numerical Solution of Volterra Integral Equations of the Second Kind with Convolution Kernel by Using Taylor-Series Expansion Method*. Appl. Math. Comput, **161**, 915-922 (2005).

[32] MALEKNEJAD, K AND LOTFI, N. *Numerical Expansion Methods for Solving Integral Equations by Interpolation and Gauss Quadrature Rules*. Appl. Math. Comput, **168**, 111-124 (2005).

[33] MASAJIMA, M. *Applied Mathematical Methods in Theoretical Physics*. Willey-VCH, Verlag, GmbH. kgAa, Weinheim 2005.

[34] MATHEWS, J. H., AND FINK, K. D *Numericals Methods Using Matlab*. Prentice Hall, 3rd ed, Høgskolen i Vestfold Biblioteket - Borre 1999.

[35] MERCIER, B. *An Introduction to the Numerical Analysis of Spectral Methods*. Springer-Verlag, Berlin, 1989.

[36] MIKHLIN, S.G. *Integral Equations*. Pergamon Press, Oxford 2d ed 1964.

[37] POLYANIN, A.D AND MANZHIROV, A.V. *Handbook of Integral Equations*. CRC Press, Boca Raton, Florida 1998.

[38] PORTER, D. AND STIRLING, D.S.G *Integral Equations A practical treatment, from spectral theory to applications*. Cambridge University Press, Cambridge 1990.

[39] RAMM, A. G. *A collocation method for solving integral equations*. IJCSM **2**, 222-228 (2009)

[40] RICHARDSON, S. *Integral equations*. The Mathematica Journal **9**. 2, Wolfram Media, Inc, 460-482 (2004)

[41] SASTRY, S. S. *Numerical solution of non-singular Fredholm integral equations of the second kind*. Applied Mathematics Division, 773-783 (1973)

[42] SCHNEIDER, C. *Product integration for weakly singular integral equations*. Math. Comp. **36**, 207-213 (1981)

[43] TRICOMI, F.G. *Integral Equations*. Wiley-InterScience, New York 1957.

[44] XU, L. *Variational iteration method for solving integral equations*. Computers and Mathematics with Applications. (2007)

[45] YOSIDA, K. *Functional Analysis*. Springer-Verlag, Berlin 6th ed 1980.

[46] YOUNG, A. *The application of approximate product integration to the numerical solution of integral equations*. Proc. Royal Soc. London **A224**, 561-573 (1954)

[47] ZHENGSU, W., YANPING, C., YUNQING, H. *Legendre spectral Galerkin method for second kind Volterra integral equations.* Front. Math. **4**, 181-193 (2009)

Oui, je veux morebooks!

# i want morebooks!

Buy your books fast and straightforward online - at one of world's fastest growing online book stores! Environmentally sound due to Print-on-Demand technologies.

## Buy your books online at
## www.get-morebooks.com

Achetez vos livres en ligne, vite et bien, sur l'une des librairies en ligne les plus performantes au monde!
En protégeant nos ressources et notre environnement grâce à l'impression à la demande.

## La librairie en ligne pour acheter plus vite
## www.morebooks.fr

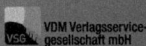

VDM Verlagsservicegesellschaft mbH
Heinrich-Böcking-Str. 6-8   Telefon: +49 681 3720 174   info@vdm-vsg.de
D  66121 Saarbrucken   Telefax: +49 681 3720 1749   www.vdm-vsg.de

Printed by Books on Demand GmbH, Norderstedt / Germany